1+X 职业技能等级证书（智能协作机器人技术及应用）配套教材

智能协作机器人技术及应用

（初级）

组　编　遨博方源（北京）科技有限公司
主　编　夏光蔚
副主编　唐冬冬　周　威
参　编　刘作鹏　李菁川　周秀珍

机械工业出版社

本书以"智能协作机器人技术及应用"职业技能等级证书（初级）标准要求为依据，采用项目引领、任务驱动的编写方式，内容涵盖智能协作机器人的安装部署、示教操作、在线编程和维护保养等工作领域的多个核心任务和技能。

全书包含 4 个实训项目，共 14 个具体工作任务，每个项目融入了行业小故事，促进知识与技能、过程与方法、情感态度与价值观的贯通统一。项目内容涵盖智能协作机器人的安装部署、示教操作、在线编程和维护保养等内容；工作任务包括任务描述、任务目标、任务实施和任务测评等模块，使学习者能够在完成相关工作任务的过程中，系统性地掌握智能协作机器人应用领域的知识与技能，可以在相关工作岗位从事智能协作机器人安装与调试、操作与编程、维护与保养、运维与调优等工作。

本书主要适用于"智能协作机器人技术及应用"职业技能等级证书实施过程的教学需要，亦可作为职业院校和应用型本科的电子信息类与自动化类相关专业的教材使用，同时也适用于社会学习者、从事机器人行业应用的相关工程技术人员学习参考和企业培训使用。

为了方便教学，本书配套电子课件、微课视频等教学资源。凡选用本书为授课教材的学校，可登录机械工业出版社教育服务网（www.cmpedu.com）免费索取部分资源。咨询电话：010-88379375。

图书在版编目（CIP）数据

智能协作机器人技术及应用：初级／遨博方源（北京）科技有限公司组编；夏光蔚主编．—北京：机械工业出版社，2022.10（2024.9 重印）
1+X 职业技能等级证书（智能协作机器人技术及应用）配套教材
ISBN 978-7-111-71495-8

Ⅰ.①智… Ⅱ.①遨… ②夏… Ⅲ.①智能机器人-职业技能-鉴定-教材 Ⅳ.①TP242.6

中国版本图书馆 CIP 数据核字（2022）第 155436 号

机械工业出版社（北京市百万庄大街 22 号　邮政编码 100037）
策划编辑：高亚云　　　　　责任编辑：高亚云
责任校对：陈　越　贾立萍　封面设计：鞠　杨
责任印制：李　昂
北京捷迅佳彩印刷有限公司印刷
2024 年 9 月第 1 版第 2 次印刷
184mm×260mm·10.5 印张·259 千字
标准书号：ISBN 978-7-111-71495-8
定价：39.00 元

电话服务　　　　　　　　　　网络服务
客服电话：010-88361066　　　机　工　官　网：www.cmpbook.com
　　　　　010-88379833　　　机　工　官　博：weibo.com/cmp1952
　　　　　010-68326294　　　金　书　网：www.golden-book.com
封底无防伪标均为盗版　　　　机工教育服务网：www.cmpedu.com

前 言

信息技术与制造业的深度融合正在引发新一轮技术革命和产业变革，而制造业数字化、网络化、智能化是这次变革的核心。数字化制造以及新软件、新工艺、机器人和网络服务逐步普及，大量个性化生产、分散式就近生产将取代大规模流水线生产方式。因此，制造业面临的生存环境正在发生深刻变化，按订单生产、满足个性化需求是大趋势，传统的大批量生产的模式受到极大挑战。在这一趋势下，按订单生产、个性化的柔性生产模式开始发展起来。

随着工业4.0和智能制造概念的逐渐深入，智能机器人日渐成为产业向多品种和成熟阶段发展的重要方向。与此同时，人机协作作为智能机器人的一个主要发展领域，通过与互联网、大数据、人工智能等技术的融合，也不断通过智能协作机器人这一重要载体释放出巨大发展潜力。人机协作将是智能机器人发展的重点领域，而具备人机交互和融合功能的智能协作机器人，也将是未来工业机器人发展的必由之路。

由于智能协作机器人出现的时间较短，因此开设智能协作机器人技术与应用相关课程的院校和机构不多，人才的培养远达不到需求，预计未来3~5年需要培养大量掌握智能协作机器人技术并能与各行业工艺要求相结合的应用型技能人才，以帮助企业和用户解决机器人应用的实际问题。

遨博（北京）智能科技有限公司作为教育部指定的"智能协作机器人技术及应用"1+X职业技能等级证书制度试点的培训评价组织，依据《国家职业教育改革实施方案》的相关要求，组织开发了"智能协作机器人技术及应用"职业技能等级标准，指导院校开展职业技能等级证书制度试点工作，推进智能协作机器人应用领域人才培养。

为配合"智能协作机器人技术及应用"1+X职业技能等级证书试点工作的需要，使广大职业院校学生、企业在岗职工和社会学习者能够更好地掌握相应职业技能要求和评价考核要求，获取相关技能和证书，遨博方源（北京）科技有限公司联合武汉职业技术学院、荆州理工职业学院、长江职业学院等高校教师，共同开发编写了本书。

本书由武汉职业技术学院夏光蔚任主编，遨博（北京）智能科技有限公司唐冬冬、荆州理工职业学院周威任副主编，长江职业学院刘作鹏以及武汉职业技术学院李菁川、周秀珍参加了本书的编写。其中项目1、项目2由夏光蔚编写；项目3任务3.1~3.3由李菁川编写；项目3任务3.4~3.6由周秀珍编写；项目4由周威编写；任务测评部分由刘作鹏编写；由夏光蔚和唐冬冬进行定稿与统稿。

在本书编写过程中，得到了武汉职业技术学院、荆州理工职业学院、长江职业学院、遨博（北京）智能科技有限公司以及有关行业工程技术人员的大力支持，在此一并表示诚挚的谢意。由于水平有限，本书难免有疏漏及不妥之处，敬请读者批评指正。

编 者

二维码索引

页码	名称	二维码	页码	名称	二维码
2	智能协作机器人简介		36	安全配置参数	
8	智能协作机器人安全使用		38	系统参数	
12	智能协作机器人外围设备		54	智能协作机器人坐标系	
19	机械识图与安装		56	工具坐标系标定	
21	电气识图与安装		62	工作坐标系标定	
21	智能协作机器人本体安装		66	智能协作机器人I/O介绍	
27	示教器界面介绍		69	安全I/O应用	
30	智能协作机器人开关机		75	用户I/O应用	
33	智能协作机器人手动控制		80	程序文件管理	

二维码索引

（续）

页码	名称	二维码	页码	名称	二维码
96	拖动示教		132	物料搬运基础编程	
102	变量配置		133	物料搬运优化编程	
109	基础条件指令		135	重叠式码垛	
121	焊接轨迹模拟编程		135	纵横交错式码垛	

目　录

前　言
二维码索引

项目1　智能协作机器人安装部署 ……… 1

　任务1.1　初识智能协作机器人 ……… 1
　　1.1.1　了解智能协作机器人 ……… 2
　　1.1.2　明确智能协作机器人安全
　　　　　使用要点 ……… 8
　　1.1.3　了解智能协作机器人外围设备 ……… 12
　　1.1.4　熟悉智能协作机器人技术及
　　　　　应用实训平台 ……… 17
　任务1.2　智能协作机器人安装 ……… 18
　　1.2.1　识读机械安装图样 ……… 18
　　1.2.2　识读电气安装图样 ……… 21
　　1.2.3　安装智能协作机器人 ……… 21

项目2　智能协作机器人示教操作 ……… 26

　任务2.1　智能协作机器人基础操作 ……… 26
　　2.1.1　熟悉示教器界面 ……… 27
　　2.1.2　智能协作机器人开关机操作 ……… 30
　　2.1.3　智能协作机器人手动控制 ……… 33
　任务2.2　参数设置 ……… 36
　　2.2.1　了解机器人参数 ……… 36
　　2.2.2　安全配置参数设置 ……… 42
　　2.2.3　系统参数设置 ……… 49
　任务2.3　坐标系新建及标定 ……… 54
　　2.3.1　了解智能协作机器人坐标系 ……… 54
　　2.3.2　工具坐标系标定 ……… 56
　　2.3.3　工作坐标系标定 ……… 62
　任务2.4　I/O信号控制 ……… 66
　　2.4.1　了解智能协作机器人I/O分类 ……… 66
　　2.4.2　控制柜I/O应用 ……… 69
　　2.4.3　用户I/O应用 ……… 75

项目3　智能协作机器人在线编程 ……… 79

　任务3.1　程序管理 ……… 80
　　3.1.1　程序文件管理 ……… 80
　　3.1.2　新建第一个程序 ……… 87
　　3.1.3　程序调试 ……… 90
　任务3.2　拖动示教编程 ……… 96
　　3.2.1　了解拖动示教 ……… 96
　　3.2.2　路点拖动示教 ……… 97
　　3.2.3　焊接拖动示教 ……… 99
　任务3.3　变量配置 ……… 102
　　3.3.1　定义变量 ……… 102
　　3.3.2　进行变量配置 ……… 103
　　3.3.3　变量应用 ……… 107
　任务3.4　基础编程 ……… 109
　　3.4.1　学习基础条件指令 ……… 109
　　3.4.2　焊接轨迹模拟 ……… 121
　任务3.5　搬运编程 ……… 132
　　3.5.1　搬运轨迹规划与编程 ……… 132
　　3.5.2　搬运轨迹优化与编程 ……… 133
　任务3.6　码垛编程 ……… 134
　　3.6.1　了解码垛工艺 ……… 134
　　3.6.2　重叠式码垛 ……… 136
　　3.6.3　纵横交错式码垛 ……… 138

项目4　智能协作机器人维护保养 ……… 144

　任务4.1　智能协作机器人系统维护 ……… 145
　　4.1.1　智能协作机器人日常维护保养 ……… 145
　　4.1.2　智能协作机器人数据备份 ……… 146
　　4.1.3　智能协作机器人系统升级 ……… 147
　任务4.2　智能协作机器人系统维修 ……… 152
　　4.2.1　了解智能协作机器人常见故障
　　　　　代码 ……… 152
　　4.2.2　智能协作机器人常见故障
　　　　　处理 ……… 159

参考文献 ……… 162

项目 1

智能协作机器人安装部署

学习目标

- 了解智能协作机器人的定义,掌握其安全使用规范,熟悉其常见的外围设备;
- 能正确识读机械安装图样,会安装机械部件;
- 能正确识读电气安装图样和协作机器人技术参数,会完成电气部件安装和接线。

小故事

"大国工匠"徐立平

徐立平,男,1968年出生,中国航天科技集团公司第四研究院7416厂航天发动机固体燃料药面整形组组长,国家高级技师、航天特级技师。

从1987年参加工作,他就一直从事极其危险的航天发动机固体动力燃料药面微整形工作,被称为"在炸药堆里工作"。火药整形在全世界都是一个难题,无法完全用机器代替。下刀的力道完全要靠工人自己判断,火药整形不可逆,一旦切多了或者留下刀痕,药面精度与设计不符,发动机点火之后,火药不能按照预定走向燃烧,发动机就很可能偏离轨道,甚至爆炸。0.5mm是固体发动机药面精度允许的最大误差,而经徐立平之手雕刻出的火药药面误差不超过0.2mm,堪称完美。徐立平因其精湛技艺、敬业态度和奉献精神而被赞誉为"雕刻火药的大国工匠"。

任务1.1 初识智能协作机器人

任务描述

了解智能协作机器人的定义及其特点,掌握智能协作机器人的技术参数及选型要点,明确具体的操作规程、操作要点、需要人员和自检要求,了解智能协作机器人工作过程中涉及的外围设备的类型和应用场景。

任务目标

1）能根据不同的应用场景完成智能协作机器人的应用选型；
2）能识别智能协作机器人及协同工作空间内潜在的安全隐患，会进行规范操作；
3）能根据不同的工作场景选择合适的外围设备。

任务实施

智能协作机器人简介

1.1.1 了解智能协作机器人

1. 什么是智能协作机器人

智能协作机器人（Collaborative Robot）简称 Cobot 或 Co-Robot，其设计初衷是实现人机协同工作，在不安装防护栏的情况下在一定范围内实现人机共融，图 1-1-1 所示为人机协作进行喷涂作业。因此，智能协作机器人的出现改变了生产关系，打破了人与机器之间的壁垒。

与普通的大型机器人相比，小型的智能协作机器人在安全性能上有了明显提高，无需防护装置，手动即可拖拽；当预测危险发生时，碰撞系统自动检测，控制系统启动制动命令停止运行，也可以通过紧急停止按钮迫使机械臂立即停止，从而有效地保护了操作人员和外围设备的安全。

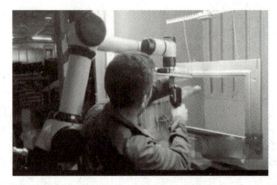

图 1-1-1　人机协作进行喷涂作业

2. 智能协作机器人的特点

智能协作机器人的兴起意味着传统机器人必然存在某种程度的不足，与传统机器人相比，智能协作机器人的优势特点主要体现在以下几个方面：

（1）安全　智能协作机器人一般在硬件设计和软件控制系统中具有更多的安全设计，具有灵敏的力度反馈特性和特有的碰撞监测功能，工作中一旦与人发生碰撞，便会立刻自动停止，无须安装防护栏，在保障人身安全的前提下，实现人与机器人的协同作业，图 1-1-2 所示为人机协作进行上下料作业。

（2）易用　用户可直接通过手动拖拽来设置智能协作机器人的运行轨迹，同时，示教器端为简单明确的可视化图形操作界面，如图 1-1-3 所示。非专业用户也能快速掌握操作方法，普通一线工人可能只需要几个小时就能熟练操作，免去传统机器人复杂的编程和配置。

（3）模块化　智能协作机器人一般采用一体式关节模块化设计，使机器人的维修与保养更加快速与便捷。关节模块一旦出现故障，用户可在极短的时间内进行更换。

（4）拖动示教　可手动拖拽路点，设置机器人自动运行路径。

（5）轻量级　整机重量小，负载自重比大。如，某工业大型机器人自重 1900kg，负载 160kg，负载自重比 8%。而图 1-1-4 所示的 AUBO－E5 型协作机器人自重仅有 24kg，负载 5kg，负载自重比接近 21%。

项目1　智能协作机器人安装部署

图 1-1-2　人机协作进行上下料作业

（6）智能性　可免费在线升级，能进行远程故障监控；具备机器人动作速度过快的紧急断电以及机器人联动、实时通信等机制。

（7）友好性　智能协作机器人的友好性是指在设计时，需要保证机器人的表面和关节必须是光滑且平整的，不带有尖锐的转角或者易夹伤操作人员的缝隙，同时它还应该适应人类的工作环境。

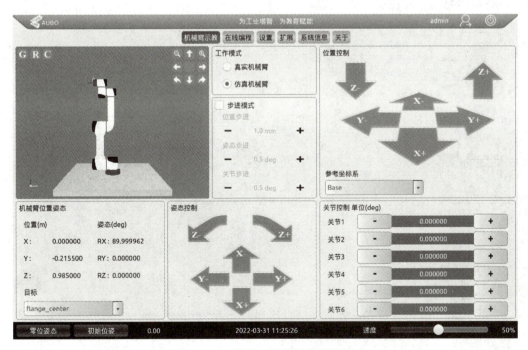

图 1-1-3　可视化示教器图像操作界面

3. 智能协作机器人系统组成

如图 1-1-5 所示，AUBO 协作机器人主要由机器人本体、控制柜、示教器三部分组成。

3

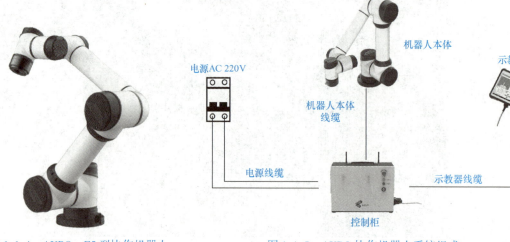

图 1-1-4　AUBO-E5 型协作机器人　　　　图 1-1-5　AUBO 协作机器人系统组成

（1）机器人本体　AUBO 协作机器人本体模仿人的手臂，共有 6 个旋转关节，每个关节表示一个自由度。如图 1-1-6 所示，智能协作机器人关节包括基座（关节 1）、肩部（关节 2）、肘部（关节 3）、腕部 1（关节 4）、腕部 2（关节 5）和腕部 3（关节 6）。

AUBO 协作机器人本体采用模块化可重构设计，用户能够根据自身需求，通过 ROS 或其他平台对关节模块重新组合，快速配置新结构、新形态的机械臂。由于采用模块化的设计理念，它的维修与保养更加方便与快捷。

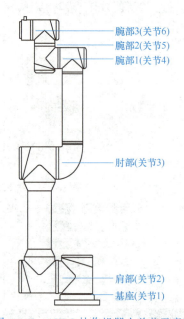

图 1-1-6　AUBO 协作机器人关节示意图　　　　图 1-1-7　AUBO-E 系列协作机器人控制柜

（2）控制柜　控制柜是 AUBO 机器人的控制中心，如图 1-1-7 所示，其内部包含控制主板、安全接口板、开关电源和安全防护元件等。控制柜由交流电源供电，其内部的开关电源把 100～240V 交流电转化为 12V、24V 和 48V 直流电，为示教器和机器人本体供电。使用前必须检查机器人本体、示教器与控制柜之间的连线是否牢靠。

控制柜中有硬件防护和软件防护，最大程度保证使用安全。控制柜内部使用多个断路器，硬件上起到了可靠的短路保护和过载保护，且控制柜上也可以外接紧急停止按钮，用户可在最短时间内切断机器人电源，保护人员和设备的安全。

除此之外，控制柜还具备智能开放性的优势和特点，主要体现在以下几个方面：

1) 接口丰富。AUBO 协作机器人控制柜为了适应各种工业的通信需求，除拥有常用的数字 I/O、模拟 I/O、安全 I/O 外，还支持 RS-485、Modbus、以太网等通信协议，极大地增强了与各种工业生产设备之间的联动。

2) 云服务。AUBO 协作机器人控制柜支持免费在线升级，用户能远程获取最新软件升级包，享受可更新的、更强大的服务功能。

3) 开放性。AUBO 协作机器人控制柜支持 Python 和 Lua 两种脚本语言库，可以充分利用脚本的语言特性，使软件具备更高的扩展性和移植性。它提供的插件接口，允许第三方开发者根据自己的需求扩展软件功能，从而使软件具备无限扩展的能力。

(3) 示教器　示教器（Teach Pendant）也称为示教操作盘、示教编程器或示教盒，主要由液晶屏幕和操作按键组成，可由操作人员手持移动。它是机器人的人机交互接口，机器人的操作基本都通过它来完成。其作用主要有移动机器人、编写机器人程序、试运行程序、操作执行和查看机器人状态（I/O 设置、位置信息等）等。

图 1-1-8 所示为示教器，其各部分的名称和主要功能见表 1-1-1。

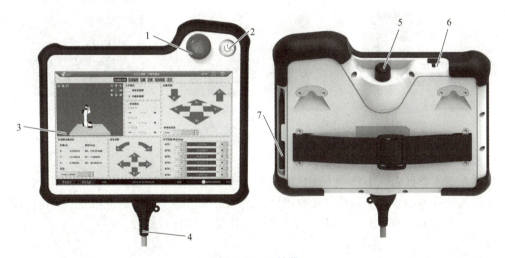

图 1-1-8　示教器

表 1-1-1　示教器各部分的名称和主要功能

序号	名称	功能说明
1	紧急停止按钮	① 按下后，通过切断机器人本体电源立刻停止机器人的动作 ② 一旦按下，开关保持紧急停止状态；顺时针方向旋转该按钮可解除紧急停止状态
2	电源开关	① 长按后，机器人上电，加载示教器控制界面 ② 按下后，切断机器人本体电源

(续)

序号	名称	功能说明
3	LCD 触摸屏	可以向用户清晰地展现机器人运动的各种细节,如位置姿态参数和 3D 仿真效果等,方便用户操作。所有的操作都可以通过直接单击屏幕来完成
4	示教器连接线	与控制柜控制通信
5	力控按钮	当机器人处于示教模式时,按住力控按钮,拖动机器人到目标方位之后松开按钮
6	USB 接口	方便插入 USB 设备,对机器人进行程序备份、系统更新等操作
7	触控笔	LCD 屏触控笔

4. 智能协作机器人行业应用

智能协作机器人不仅应用于工业领域,还广泛地应用于非工业领域,如图 1-1-9 所示,目前研究和产品化较多的主要体现在物流分拣、医疗康复、商业零售等领域。由于传统机器人安全性较差,在使用时有很多限制,智能协作机器人的出现将在很大程度上加快机器人的普及。

a) 机器人餐厅

b) 汽车质检机器人

c) 健康医疗机器人

d) 环卫机器人

e) 档案机器人

f) 无人零售机器人

图 1-1-9 智能协作机器人应用领域

5. 智能协作机器人主要技术参数

机器人技术参数表征了机器人的性能水平,该参数一般由机器人厂商在机器人出厂时提供。机器人的技术参数主要包括运动自由度、绝对定位精度、重复定位精度、工作空间和最大负载等。表 1-1-2 中列出了 AUBO – E5 型协作机器人的技术参数。

表 1-1-2 AUBO – E5 型协作机器人的技术参数

运动自由度		6
安装方式		落地式、吊顶式、壁挂式
驱动方式		有刷直流电动机
电动机容量/W	J1	500
	J2	500
	J3	500
	J4	150
	J5	150
	J6	150

(续)

转角范围	J1	−175°~175°
	J2	−175°~175°
	J3	−175°~175°
	J4	−175°~175°
	J5	−175°~175°
	J6	−175°~175°
最大速度/(°/s)	J1	150
	J2	150
	J3	150
	J4	180
	J5	180
	J6	180
绝对定位精度/mm		0.8
重复定位精度/mm		0.02
工作空间/mm		886
最大负载/kg		5
本体重量/kg		24
法兰盘末端最大速度/(m/s)		2.8

(1) 运动自由度　一个空间自由运动的刚体一般有 6 个自由度,即沿 X 轴、Y 轴和 Z 轴的 3 个平移自由度和 3 个旋转自由度。对于关节型机器人,运动自由度指运动关节个数的总和,一般机器人共有 6 个运动关节,因此运动自由度为 6。此外,市场上还出现了具有 7 个或者更多关节数的机器人,这类机器人关节数大于 6,多出的自由度称为冗余自由度,这类机器人一般被称为冗余机器人。

(2) 绝对定位精度和重复定位精度　绝对定位精度指机器人根据指令运行所到达的位置与理论位置的最大偏差。重复定位精度指机器人根据指令重复地运行到某一理论位置,所到达点之间的最大偏差。如图 1-1-10a 所示,当理论位置为坐标原点时,机器人所到达的点均散落在坐标原点周围,表明绝对定位精度较好。而在图 1-1-10b 中,同样当理论位置为坐标原点时,机器人所到达的点离坐标原点较远,但均散落在图中的圆圈内,表明机器人具有较好的重复定位精度,但绝对定位精度较差。

(3) 工作空间　机器人的工作空间一般指在满足关节最大转动范围以及不发生自身碰撞的约束条件下,机器人末端工作点能到达空间位置的集合。工作空间除了与机器人本体限制有关,还与末端工作点的选取有关,如,选择长度较大的工具,其工作点所能到达的工作空间范围也更大。图 1-1-11 所示为 AUBO-E5 型协作机器人的工作空间,近似于一个球体,球体的半径为 886mm。

(4) 最大负载　最大负载是衡量机器人性能的重要指标,表征了机器人的最大负载能力。最大负载除了与电动机转矩有关,还与机器人的连杆重量、运行速度和加速度以及机械臂构型有关,需要用较为复杂的动力学算法才能准确计算机器人的最大负载。因此,机器人厂商给出的最大负载一般指在工作空间内，能够以最大速度和最大加速度稳定运行的机器人所能承受的最大负载，一般为相对保守的值。如 AUBO－E5 型协作机器人给出的最大负载为 5kg，实际上在低速和低加速度运行时，机器人所能承受的最大负载要大于该值。

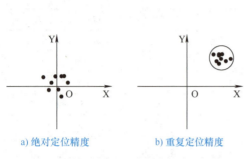

a) 绝对定位精度　　　　b) 重复定位精度

图 1-1-10　绝对定位精度与重复定位精度

图 1-1-11　AUBO－E5 型协作机器人的工作空间

（5）法兰盘末端最大速度　法兰盘末端最大速度指机器人法兰盘末端工作点 X 方向、Y 方向和 Z 方向合成的最大速度。这一指标衡量了机器人的最大运行速度能力，主要与电动机的承载能力、机械臂本体重量以及算法有关。

6. 智能协作机器人选型要点

机器人的选型主要综合考虑以下三个因素：

（1）确定应用领域　首先分析应用领域是否有特殊要求，如核工业领域需要选择抗辐射的机器人或特种机器人，强磁环境的应用领域需要选择具有抗磁能力的机器人等。

（2）分析执行任务　根据执行任务选择满足性能要求的机器人，如搬运任务需要满足最大负载要求，码垛任务可以选择专门的码垛机器人，打磨任务可能需要选择具有力控制功能的机器人，喷涂应用需要进行密封处理等。

（3）可靠性和成本　在满足功能和性能的前提下，尽量选择高可靠性和低成本的机器人。

1.1.2　明确智能协作机器人安全使用要点

1. 安全警示标志

常见的安全警示标志见表 1-1-3。

智能协作机器人安全使用

表 1-1-3　常见的安全警示标志

安全警示标志	标志名称	标志含义
有电危险	有电危险	可能引发危险的用电情况，如果不避免，可导致人员伤亡或设备损坏
高温危险	高温危险	可能引发危险的热表面，如果不慎接触，将会造成人员伤害

项目1 智能协作机器人安装部署

(续)

安全警示标志	标志名称	标志含义
⚡危险	危险	可能引发危险的情况，如果不避免，可导致人员伤亡或设备损坏
⚠注意	注意	可能引发危险的情况，如果不避免，可导致人员伤害或设备严重损坏。标记有此种符号的事项，根据具体情况，有时会出现严重后果

2. 人员安全

一般情况下，当机器人运动的动作速度较快时，存在一定的危险性，如果不采取应急措施，将会对人员及外围设备造成不可估量的损失。

为了更安全、有效地作业，操作者在运行机器人系统时，首先必须确保作业人员的安全。工作过程中的注意事项如下：

1）操作人员在使用机器人过程中不要穿宽松的衣服，不要佩戴首饰。操作机器人时，女性要确保长头发束在脑后。

2）在设备运转中，即便机器人看上去已经停止运作，也不要贸然接近或触碰，因为机器人也有可能是在等待启动信号而处于即将动作的状态。

3）确保在机器人操作区域附近建立了安全措施，保护操作者及周边人群。同时应防止非操作人员接触机器人电源。

4）应在地板上画上线条来表示机器人的动作范围，如图1-1-12所示，使操作者了解机器人包含握持工具（机械手、工具等）的动作范围。

图1-1-12 工作区域边界线

图1-1-13 防静电服

5）在对静电要求较高的场所下，工作人员应该穿防静电服（图1-1-13）配戴防静电手套。

6）在使用操作面板和示教器时，不可戴手套进行作业，以防止由于戴上手套引起操作失误，造成损失。

7）在人被夹住或围在里面等紧急和异常情况下，可通过用力推动或拉动机器人手臂来迫使关节移动。无电力驱动情况下，手动移动机器人手臂仅限于紧急情况，并且可能会损坏关节。

3. 外围安全

与人员安全措施相比较，外围设备的安全措施同样很重要。安全运行能够在一定程度上减少不必要的经济损失，帮助机器人在重要的工序上正常运转。外围设备的安全措施如下：

1）定期检查设备，严格遵守机器人及外围设备的日常维护制度。

2）机器人设备周围必须设置好安全隔离带，现场保持清洁，无水及任何杂物。

3）严禁控制柜中乱放杂物，如配件、工具和安全帽等，以防止造成设备异常损坏。

4）机器人工作过程中，操作者应定期查看线缆和气路线管状况，防止缠绕在机械臂上，避免内部线芯折断或裸露在外，引发漏电和线路故障。

4. 紧急处理与机器人安全 I/O

（1）紧急处理 目前，由于市面上普通的机器人体型庞大，因此在工作过程中，禁止操作人员接近机器人。发生危险时，操作人员只能通过系统控制或按下紧急停止按钮及切断电源等方式来迫使机械臂停止，从而减少损伤程度。与一般的机器人相比，智能协作机器人的紧急处理方式较多。以AUBO-E5型协作机器人为例，主要包括示教器上的紧急停止按钮、机械臂碰撞检测和强制关节紧急移动等。

1）紧急停止按钮。机器人在操作过程中，一旦遇到不可预料的危险时，操作人员应立即按下紧急停止按钮，停止机器人的一切运动。紧急停机不可用作风险降低措施，但是可作为次级保护设备。如需连接多个紧急停止按钮，则必须纳入机器人应用的风险评估。紧急停止按钮符合IEC60947-5-5的要求。

AUBO-E系列机器人在示教器上置有紧急停止按钮，如图1-1-14所示，该按钮须在危险情况或紧急情况时按下。连接到末端的工具或者设备如果构成潜在威胁，必须集成到系统的急停回路中，否则可能会导致严重人身伤害或重大财产损失。

2）机械臂碰撞检测。AUBO机械臂具有碰撞保护监测功能，可在操作人员或其他物体与机械臂发生碰撞时，减少对人员和其他物体以及机械臂的伤害。AUBO协作机器人有10种碰撞等级，用户可以根据自己需求设置不同的碰撞等级，如图1-1-15所示。

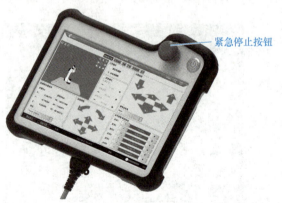

图1-1-14 紧急停止按钮

3）强制关节紧急移动。AUBO-E5型协作机器人在电源失效或者不能使用电源的紧急状况下移动一个或多个机器人关节，此时，可以通过用大约700N推动或拉动机器人手臂来迫使关节移动。

项目1 智能协作机器人安装部署

图 1-1-15 AUBO 碰撞等级设置界面

强制移动机器人手臂仅限于紧急情况，并且有可能会损坏关节，造成不可逆转的伤害。

（2）机器人安全 I/O　AUBO–E 系列机器人标准控制柜提供了多种电气接口，用来连接外部设备及工具端，如紧急停止按钮、安全光栅等，如图 1-1-16 所示。工作人员可方便地用这些接口作为辅助功能来实现机器人安全作业。

安全 I/O 均为双通道，保持冗余配置可确保单一故障不会导致安全功能失效。

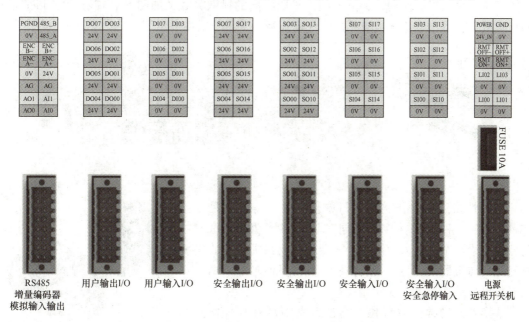

图 1-1-16 控制柜安全 I/O 分布示意图

11

5. 紧急停止装置的检查与应用

在机器人投入运行和重新投入运行之前，必须对紧急停止按钮进行检查，主要步骤如下：

1）查看紧急停止按钮的表面是否有污损。

2）按下并复位紧急停止按钮，检查其动作是否正常。

3）在机器人起动状态下，按下紧急停止按钮，检查示教器是否有紧急停止的报警信息。

当机器人运行过程中出现紧急情况时，可以通过外部紧急停止装置来强行中止机器的运行，避免造成严重身体伤害或巨大的财产损失。

1.1.3 了解智能协作机器人外围设备

智能协作机器人外围设备

1. 末端执行器

末端执行器又称为末端操作器、末端操作手，有时也被称为手部、手爪、机械手等。在机器人技术领域内，末端执行器机构位于机器人手臂末端，负责与外界环境进行动作交流。末端执行器种类的选择由机器人的不同作业性质决定。在某些定义中，末端执行器指机器人末端，从该角度来看，末端执行器相当于机器人的附属机构。从广义上说，末端执行器可以被定义为机器人用以与外界工作环境交流的一部分机构。

机器人末端执行器的应用实现了自动夹持或增压定位的作用，具体体现在夹持、定位、自动卸载等操作中。精确的机床定位通过安装在末端执行器和机器人手臂之间的微型定位器来完成，这样的设计使末端执行器在特殊的加工环境下，也能保证高的精确度，排除由于定位夹持不精确而带来的加工误差。典型的末端执行器有以下几种：

（1）手爪　机器人手爪既是一个主动感知工作环境的感知器，又是一个高度集成的末端执行器。手爪根据作用物料的不同，采取不同的抓取方式，如图 1-1-17 所示，目前常见的有机械式手爪、电磁式吸盘手爪、气动式吸盘手爪、柔性手爪等。

a) 机械式手爪　　b) 电磁式吸盘手爪　　c) 气动式吸盘手爪　　d) 柔性手爪

图 1-1-17　机器人各类手爪

（2）快换工具　在实际项目中，机器人需要满足多种应用。一种工具往往不能同时具有多种功能，这时，需要给一个机器人定制多个末端工具，在机器人的末端工具与机器人法兰上安装快换工具，保证多个末端工具可以自动切换。

快换工具通常由主盘和工具盘组成，如图 1-1-18 所示，主盘安装在机器人法兰上，工具盘与末端工具连

图 1-1-18　快换工具

接。快换工具的释放和夹紧可以由主盘和工具盘通过气动的形式来实现。

当操作器处于释放状态时，主盘上的释放口开始供气，产生的推力使活塞杆处于下压状态，钢球收于内侧。当操作器需要夹紧时，主盘上的夹紧口停止供气，主盘内活塞拉力和内部弹簧使活塞杆回拉，并由钢球将工具侧定位夹紧套按压在座面上。

（3）焊枪　焊机的高电流、高电压产生的热量聚集在焊枪终端，熔化焊丝，熔化的焊丝渗透到需焊接的部位，冷却后，被焊接的物体牢固地连接成一体。焊枪功率的大小取决于焊机的功率和焊接材质。焊接机器人可分为弧焊机器人与点焊机器人两类，故焊枪也有所区别，具体如下：

1）弧焊。弧焊以电弧作为热源，利用空气放电的物理现象，将电能转换为焊接所需的热能和机械能，从而达到连接金属的目的，图1-1-19所示为弧焊焊枪。弧焊的主要方法有焊条电弧焊、埋弧焊、气体保护焊等，它是应用最广泛、最重要的熔焊方法，占焊接生产总量的60%以上。

2）点焊。点焊是利用柱状电极，在两块搭接工件接触面之间形成焊点的焊接方法，图1-1-20所示为点焊焊枪。点焊时，先加压使工件紧密接触，随后接通电流，在电阻热的作用下使工件接触处熔化，冷却后形成焊点。点焊主要用于厚度4mm以下的薄板构件、冲压件焊接，特别适合汽车车身和车厢、飞机机身的焊接，但不能焊接有密封要求的容器。

图1-1-19　弧焊焊枪　　　　　　　图1-1-20　点焊焊枪

2. 变位机和导轨

（1）变位机　变位机是一种通过改变焊件、焊机或焊工的空间位置来完成机械化、自动化焊接的各种机械设备。常见的样式有伸臂式、座式和双座式三种。变位机一般应用于焊接行业，具体如下：

1）伸臂式焊接变位机。图1-1-21所示为伸臂式焊接变位机，这种设备的回转工作台安装在伸臂一端，伸臂一般相对于某倾斜轴成角度回转，而此倾斜轴的位置多是固定的，但有的也可在小于100°的范围内上下倾斜。该机变位范围大，作业适应性好，但整体稳定性差。其适用范围为1t以下中小工件的翻转变位。在手工焊中应用较多，多为电动机驱动，能力在0.5t以下，适用于小型工件的翻转变位；也有液压驱动的，承载能力大，适用于结构尺寸不大但自重较大的焊件。

2）座式焊接变位机。图1-1-22所示为座式焊接变位机，其工作台有一个整体翻转的自由度，可以将工件翻转到理想的位置进行工作，另外工作台还有一个旋转的自由度。该变位机已经系列化生产，主要用于一些管盘的焊接。该机稳定性好，一般不用固定在地基上，搬移方便。

图 1-1-21　伸臂式焊接变位机

图 1-1-22　座式焊接变位机

3）双座式焊接变位机。图 1-1-23 为双座式焊接变位机，它是集翻转和回转功能于一身的变位机械。翻转和回转分别由两根轴驱动，夹持工件的工作台除能绕自身轴线回转外，还能绕另一根轴做倾斜或翻转，它可以将焊件上各种位置的焊缝调整到水平或"船型"的易焊位置施焊，适用于框架型、箱型、盘型和其他非长型工件的焊接。

图 1-1-23　双座式焊接变位机

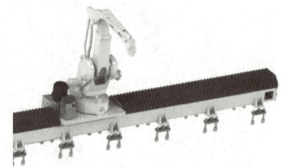

图 1-1-24　机器人导轨

（2）导轨　机器人导轨又称为机器人第七轴，为扩展机器人工作空间，在一些项目中会在机器人底部安装导轨。如图 1-1-24 所示，机器人导轨采用伺服电动机与螺杆一体化设计，主要由滚珠丝杠、直线导轨、铝合金滑台、滚珠丝杠副、联轴器、电动机、光电开关、防尘罩、尼龙拖链等组成。导轨将伺服电动机的旋转运动转换成直线运动，通过对伺服电动机的精确转数控制，将精确扭矩控制转变成精确速度控制、精确位置控制和精确推力控制。机器人导轨一般应用于智能制造行业。

3. 输送线

输送线是指在一定的线路上连续输送物料的物料搬运机械，又称流水线。输送线可进行水平、倾斜和垂直输送，也可组成空间输送线路。输送线路一般是固定的。输送线输送能力大、运距长，还可在输送过程中同时完成若干工艺操作，所以应用十分广泛。输送线在现代工业生产中发挥着重要作用，在食品、电子产品包装、化工、家电组装、汽车制造等行业都有应用。

输送线依据输送链条（板）的不同可以分为以下几类：

（1）带式输送线　如图1-1-25所示，带式输送线是常见的一种生产设备，应用范围比较广泛，在食品、电子、包装、化工等行业都有应用。

图1-1-25　带式输送线

图1-1-26　滚筒输送线

（2）滚筒输送线　如图1-1-26所示，滚筒输送线可分为无动力和有动力两种输送形式，在包装行业应用广泛，也会在一些其他生产设备中用于辅助输送。

（3）链板输送线　如图1-1-27所示，链板输送线是以金属板为输送链，可以承载大宗、较重的物品，因此，链板输送线比较适合应用于重工业生产，如汽车制造、电视机生产等。

（4）倍速链输送线　如图1-1-28所示，倍速链输送线属于自流式输送系统，主要用于装配及加工生产线中的物料输送。其输送原理是运用倍速链的增速功能使其上承托货物的工装板快速运行和通过，并用阻挡机构使其停止于相应的操作位置；或通过相应指令来完成积放动作及移行、转位、转线等功能。

图1-1-27　链板输送线

图1-1-28　倍速链输送线

4. 工业相机

工业相机也是机器人应用领域中比较重要的组成部分，是机器视觉系统中的关键组件，其本质功能是将光信号转变成有序的电信号。选择合适的工业相机也是机器视觉系统设计中的重要环节，工业相机的选择不仅直接决定所采集到的图像分辨率、图像质量等，同时也与整个系统的运行模式直接相关。工业相机广泛应用于分拣行业、质检行业以及包装行业。

一套完整的工业相机包含相机、镜头、光源、视觉控制器和线缆等部分，如图1-1-29所示，可完成对物料进行识别、定位、精度测量等多种功能，可与机器人进行通信、交互和处理结果等。工业相机按照芯片类型可分为CCD相机和CMOS相机；按照传感器的结构特性可分为线阵相机和面阵相机；按照扫描方式可以分为隔行扫描相机和逐行扫描相机。

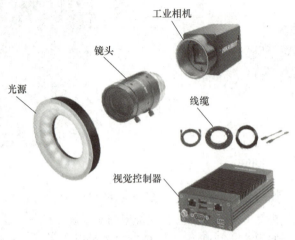

图1-1-29 工业相机

5. 力控传感器

力控传感器可测量三维坐标系中三个方向的力和扭矩（F_x、F_y、F_z、T_x、T_y、T_z），如图1-1-30所示，可广泛应用于机器人手指、手爪研究、机械手、风洞实验、力反馈系统、实时力控制、汽车部件检测、产品测试、精密装配、打磨抛光等。

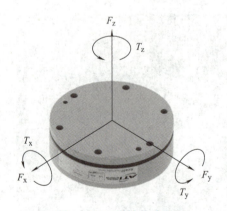

图1-1-30 力控传感器

图1-1-31 AGV移动平台

6. AGV移动平台

如图1-1-31所示，AGV移动平台是机器人的一种类型，主要由无人驾驶自动导引车辆（AGV）、管理系统、监控系统和智能充电系统等部分组成。它由计算机控制，在管理系统、监控系统的管理监控下，依照作业任务的要求，选择所规划的最优路径，精确行走并停靠指定的地点，完成一系列作业任务，如取货、卸货、充电等。AGV移动平台具有移动、自动导航、多传感器控制、网络交互等功能，在实际生产中最主要的用途是搬运。

1.1.4 熟悉智能协作机器人技术及应用实训平台

智能协作机器人技术及应用实训平台是面向教育培训领域设计的一款教学实训、技能培训与考核一体化的综合实训平台，如图1-1-32所示。平台基于6轴智能协作机器人，配备丰富的模块化的工装设备，可根据课程内容设置岗位技能要求，工作任务灵活，可搭配不同的功能模块，具有简单易用、操作安全、模块化可扩展等特点。

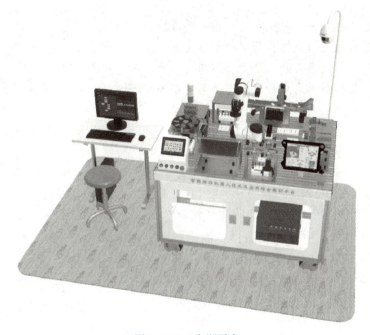

图1-1-32 实训平台

1) 观察智能协作机器人技术及应用实训平台上有哪些安全警示标志。

2) 尝试按下/复位机器人控制柜、示教器以及HMI模块上的紧急停止按钮，感受其操作方式。

3) 观察智能协作机器人技术及应用实训平台上使用了哪些外围设备。

任 务 测 评

一、选择题

1. 与传统机器人相比，下列不属于智能协作机器人特点的有（　　）。
①安全　②易用　③模块化　④拖动示教　⑤轻量级　⑥智能性　⑦友好性　⑧编程性
  A. ③④⑤⑥⑦⑧　　　　　　　　B. ①②③④⑤
  C. ①②③④⑤⑥⑦⑧　　　　　　D. ①②⑤⑥⑦⑧

2. 下列不属于智能协作机器人组成部件的是（　　）。
  A. 控制柜　　　　B. 机器人本体　　　　C. 示教器　　　　D. 显示器

3. 智能协作机器人的主要性能参数包括（　　）。
① 运动自由度　② 绝对定位精度　③ 重复定位精度　④ 工作空间　⑤ 最大负载　⑥ 法兰盘末端最大速度
A. ①②④⑤⑥　　　　　　　　　　B. ①②③⑤⑥
C. ①②③④⑤⑥　　　　　　　　　D. ②③④⑤⑥

二、判断题

1. 智能协作机器人是在规定的协作工作空间内，为与人直接交互而设计的机器人。（　　）
2. 智能协作机器人的主要优点之一就是灵活性。（　　）
3. 结果一致性是指重复执行简单的动作而不会降低工作质量。（　　）
4. 智能协作机器人因为和人是互相协作的，所以没有安全问题。（　　）
5. 国内智能协作机器人市场应用主要集中在3C电子、汽车、家电等行业。（　　）

任务1.2　智能协作机器人安装

▶ **任务描述**

结合智能协作机器人现场的实际生产情况，翻阅机器人的技术手册；识读智能协作机器人机械安装图样、电气安装图样；确定智能协作机器人的安装空间、电气安装要求；确定现场的安装条件、安装流程及工具；制订机器人安装方案；正确安装智能协作机器人及相关组件。

▶ **任务目标**

1) 能完成智能协作机器人本体和控制柜的安装以及系统硬件连接；
2) 能完成智能协作机器人快换工具主盘安装；
3) 能完成智能协作机器人快换工具装配。

▶ **任务实施**

1.2.1　识读机械安装图样

1. 识读机器人机械尺寸

图1-2-1为AUBO-E5型协作机器人机械尺寸，在安装时务必考虑机器人的运动范围，以免磕碰到周围人员和设备。

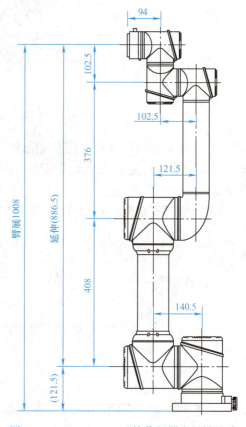

图1-2-1　AUBO-E5型协作机器人机械尺寸

2. 识读底座结构尺寸

在底座上安装时，使用 4 颗 M8 螺栓将机器人本体固定在底座上，建议使用两个 φ6mm 的孔安装销钉，以提高安装精度，底座上的安装孔尺寸如图 1-2-2 所示。

3. 识读末端法兰结构尺寸

工具法兰有四个 M6 螺纹孔和一个 φ6mm 定位孔，可以方便地将夹具安装连接到机器人末端。工具法兰机械尺寸图如图 1-2-3 所示。

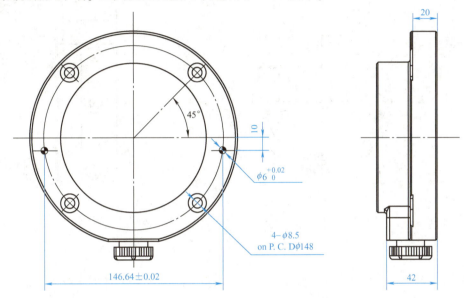

图 1-2-2 底座上的安装孔尺寸

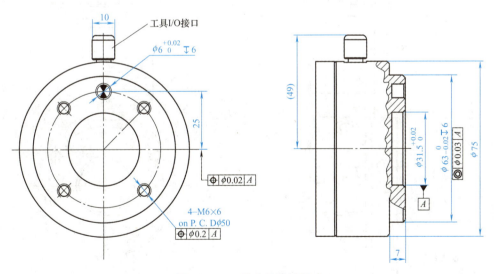

图 1-2-3 工具法兰机械尺寸

4. 识读快换工具机械尺寸

快换工具上有三个 M3 螺纹孔，方便连接机器人末端法兰转接板和工具转接板。快换工具机械尺寸如图 1-2-4 所示。

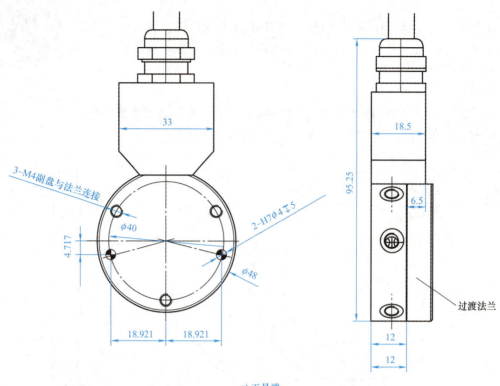

a) 工具端

b) 机器人端

图 1-2-4　快换工具机械尺寸

1.2.2 识读电气安装图样

1. 识读系统模块电气连接图

在智能协作机器人系统硬件连接时,根据系统模块电气连接图来操作,如图 1-2-5 所示。

电气识图与安装

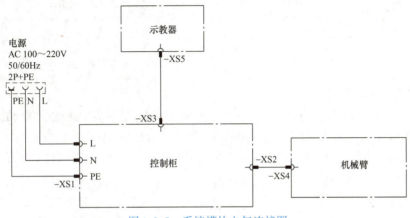

图 1-2-5　系统模块电气连接图

2. 识读信号电气连接图

智能协作机器人输入信号电气接线图如图 1-2-6 所示。智能协作机器人输出信号电气接线图如图 1-2-7 所示。

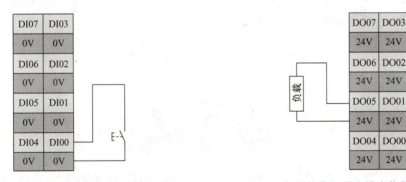

图 1-2-6　智能协作机器人输入信号电气接线图　　图 1-2-7　智能协作机器人输出信号电气接线图

1.2.3 安装智能协作机器人

完成机械安装图样识读之后,根据机器人工作空间范围及安装形式,确定机器人的现场安装方案,具体实施过程如下:

1. 确定机器人的运动范围

图 1-2-8 所示为 AUBO-E5 型协作机器人运动范围,除去机座正上方和正下方的圆柱体空间,机器人的工作范围为 $R=886$ mm 的球体。选择机器人安装位置时,务必考虑机器人正上方和正下方的圆柱体空间,尽可能避免将工具移向圆柱体空间。另外,在实际应用中,关节 1~6 转动角度范围是 -175°~175°。

智能协作机器人本体安装

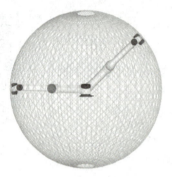

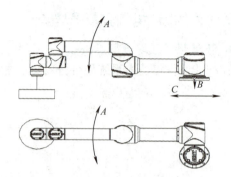

图 1-2-8　AUBO–E5 型协作机器人运动范围　　图 1-2-9　AUBO–E5 型协作机器人所受载荷

2. 确定机器人的安装形式

智能协作机器人安装方式有正装、吊装和垂直安装三种。建议固定机械臂螺栓的每个孔位应能提供最小抗倾覆力，AUBO–E5 型协作机器人安装方式及最小抗倾覆力见表 1-2-1，AUBO–E5 型协作机器人所受载荷如图 1-2-9 所示。在安装机械臂时，需确保符合机械臂安装要求。

表 1-2-1　AUBO–E5 型协作机器人安装方式及最小抗倾覆力

安装方式	正常运行/N	设备紧急情况停止/N
正装	1554±360	1554±2594
吊装	1754±360	1754±2594
垂直安装	1554±360	1554±2594

3. 安装机器人本体和控制柜

安装机器人本体和控制柜流程见表 1-2-2。

表 1-2-2　安装机器人本体和控制柜流程

① 取出机器人安装转接板，预锁紧四颗螺栓和 T 型螺母，将转接板固定在工作台合适位置

② 将机器人安装在转接板上，将扭矩扳手的扭矩值设为 15N·m，以对角线方式安装 4 颗螺钉

项目1　智能协作机器人安装部署

（续）

③ 控制柜每侧应保留50mm的空隙，以确保空气流通顺畅

4. 机器人系统硬件连接

机器人系统硬件连接流程见表1-2-3。

表1-2-3　机器人系统硬件连接流程

① 找到控制柜底部与机器人线缆连接的插口，旋松防尘盖，将机器人线缆插头对准插口进行连接，然后旋紧锁紧螺母

② 找到控制柜底部与电源线缆连接的插口，将电源线缆插头对准插口进行连接，另外一端插头连接外部电源

23

5. 快换工具主动盘的安装

快换工具主动盘的安装流程见表1-2-4。

表1-2-4　快换工具主动盘的安装流程

① 将快换工具转接盘置于安装位置，用扳手旋入4颗螺钉固定

② 将快换工具主动盘置于安装位置，用扳手旋入3颗螺钉固定

6. 快换工具工具盘的安装

快换工具工具盘的安装流程见表1-2-5。

表1-2-5　快换工具工具盘的安装流程

① 将工具盘及工具转接盘配件全部取出，用扳手旋入2颗螺钉，以连接工具转接盘及支撑柱

② 用扳手安装2颗螺钉，以固定工具支撑柱和90°转接板

项目1 智能协作机器人安装部署

（续）

③ 在90°转接板末端安装吸盘

④ 用3颗螺钉固定快换工具盘和工具转接盘，完成工具机械安装

任 务 测 评

一、选择题

1. AUBO-E5型协作机器人的臂展长度为（　　）。
A. 1000mm　　　　B. 500mm　　　　C. 886mm　　　　D. 668mm

2. AUBO-E5型协作机器人的额定负载为（　　）。
A. 3kg　　　　　　B. 5kg　　　　　　C. 10kg　　　　　D. 10kg

3. AUBO-E5型协作机器人的关节1~6转动角度范围是（　　）。
A. -360°~360°　　B. -180°~180°　　C. -175°~175°　　D. -90°~90°

二、判断题

1. 在安装时务必考虑机器人的运动范围，以免磕碰到周围人员和设备。（　　）

2. 将机器人本体固定在底座上，使用两个ϕ6mm的孔安装销钉，以提高安装精度。（　　）

3. AUBO-E5型协作机器人的运动范围是除去机座正上方和正下方圆柱体空间的球体。（　　）

4. 选择机器人安装位置时，不需要考虑机器人正上方和正下方的圆柱体空间，尽可能避免将工具移向圆柱体空间。（　　）

5. AUBO-E5型协作机器人的关节1~6转动角度范围是-360°~360°。（　　）

项目 2

智能协作机器人示教操作

📋 学习目标

- 能正确完成智能协作机器人开关机操作；
- 能正确识别示教器界面按钮名称及功能；
- 能熟练地通过关节控制、位置控制、姿态控制操纵机器人完成点位示教；
- 能正确配置参数，如多语言设置、时间日期设定、权限管理等；
- 会新建、标定、应用工具坐标系；
- 会新建、标定、应用工件坐标系；
- 掌握智能协作机器人 I/O 接线及应用控制。

👆 小故事

在30年的航空技术制造工作中，他经手的零件上千万，没有出过一次质量差错。

他叫胡双钱，中国商飞上海飞机制造有限公司数控机加车间钳工组组长，一位本领过人的飞机制造师。胡双钱读书时，技校老师是位修军机的老师傅，经验丰富、作风严谨。"学飞机制造技术是次位，学做人是首位。干活，要凭良心。"这句话对他影响颇深。

"我每天睡前都喜欢'放电影'，想想今天做了什么，有没有做好。"

一次，胡双钱按流程给一架在修理的大型飞机拧螺钉、上保险、安装外部零部件。那天回想工作，胡双钱对"上保险"这一环节感到怎么也不踏实。保险对螺钉起固定作用，确保飞机在空中飞行时，不会因震动过大导致螺钉松动。思前想后，胡双钱不踏实，凌晨3点，他又骑着自行车赶到单位，拆去层层外部零部件，保险醒目出现，一颗悬着的心落了下来。

从此，每做完一步，他都会定睛看几秒再进入下道工序，"再忙也不缺这几秒，质量最重要！"

任务 2.1 智能协作机器人基础操作

▶ 任务描述

熟练掌握智能协作机器人开关机操作；能正确识别示教器界面按钮名称及功能；能正确

项目2　智能协作机器人示教操作

识读示教器上各功能的含义及用法；熟练掌握智能协作机器人手动操作，为示教编程做准备。

任务目标

1）熟练掌握智能协作机器人开关机操作；
2）能正确识别示教器界面按钮名称及功能；
3）会熟练进行智能协作机器人手动操作。

任务实施

2.1.1　熟悉示教器界面

示教器界面介绍

1. AUBOPE 功能简介

AUBOPE（AUBO Robot Programming Environment）为 AUBO 机器人编程环境的缩写，显示在示教器的触摸屏上，通过此人机交互界面，可实现操作机器人本体和控制柜，创建和执行机器人程序，读取机器人日志信息等功能。

2. 示教器界面介绍

1）机器人起动完成后，进入【机械臂示教】界面，如图2-1-1所示。

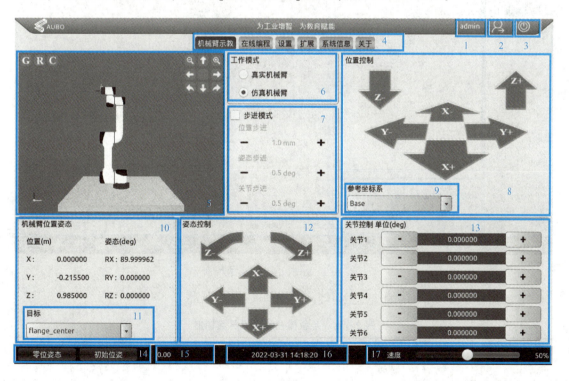

图 2-1-1　机械臂示教界面

机械臂示教界面功能见表2-1-1。

表 2-1-1　机械臂示教界面功能

序号	功能	序号	功能
1	当前登录用户	10	机械臂位置姿态参数显示
2	注销按钮	11	目标选择
3	软件关闭按钮	12	姿态控制
4	菜单栏选项	13	关节控制
5	3D 仿真模型	14	零位姿态和初始位姿按钮
6	工作模式选项	15	速度显示
7	步进模式设置位置控制	16	日期及时间显示
8	位置控制	17	速度控制
9	坐标系选择		

2）示教器【在线编程】界面如图 2-1-2 所示。

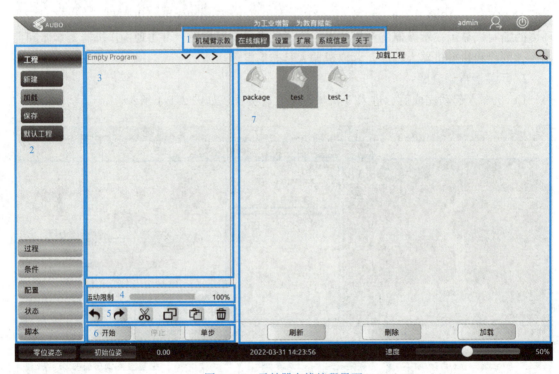

图 2-1-2　示教器在线编程界面

示教器在线编程界面功能见表 2-1-2。

表 2-1-2　示教器在线编程界面功能

序号	名称	序号	名称
1	菜单栏	5	程序操作
2	工具栏	6	程序控制
3	程序列表	7	属性窗口
4	运动控制		

项目2 智能协作机器人示教操作

3）示教器【设置】界面如图2-1-3所示。

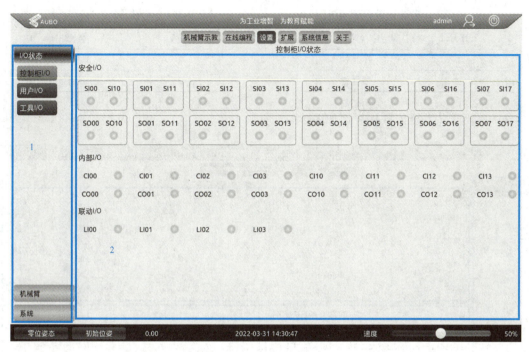

图2-1-3 示教器设置界面

示教器设置界面功能见表2-1-3。

4）示教器【扩展】界面如图2-1-4所示。

图2-1-4 示教器扩展界面

29

示教器扩展界面功能见表2-1-4。

表 2-1-3　示教器设置界面功能

序号	名称
1	工具栏
2	属性栏

表 2-1-4　示教器扩展界面功能

序号	名称
1	工具栏
2	属性栏

5）示教器【系统信息】界面如图 2-1-5 所示。

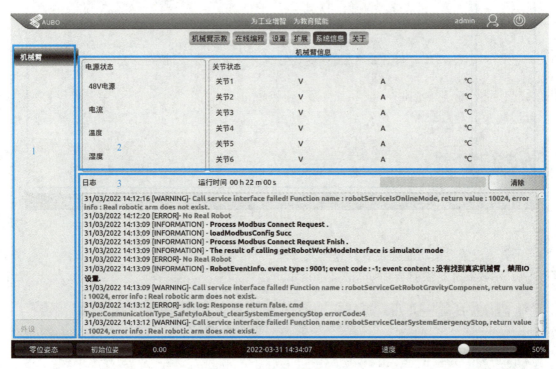

图 2-1-5　示教器系统信息界面

示教器系统信息界面功能见表 2-1-5。

6）示教器【关于】界面如图 2-1-6 所示。

表 2-1-5　示教器系统信息界面功能

序号	名称
1	工具栏
2	运行状态
3	日志栏

2.1.2　智能协作机器人开关机操作

1. 系统开机操作

1）将 220V 电源接入智能协作机器人系统。

2）将平台的供气阀打开，如图 2-1-7 所示。

3）旋转示教器紧急停止按钮使其处于弹起状态，机器人控制柜电源开关置于【ON】，如图 2-1-8 所示。

4）按住示教器启动按钮 1s 以上，此时启动按钮 LED 指示灯亮，机器人进入系统启动界面，如图 2-1-9 所示。

智能协作机器人开关机

项目2　智能协作机器人示教操作

图 2-1-6　示教器关于界面

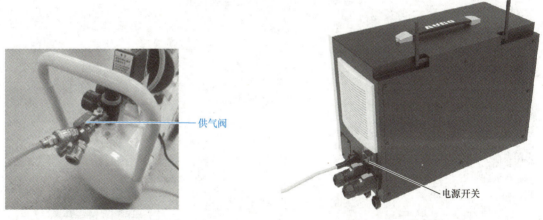

图 2-1-7　供气阀打开

图 2-1-8　控制柜上电

图 2-1-9　示教器启动按钮位置

5）进入示教器开机界面，等待或双击桌面的机器人图标，弹出【机器人初始化】界面，如图 2-1-10 所示。

图 2-1-10 机器人初始化界面

6）单击【保存】，【启动】按钮使能，单击【启动】，机器人系统启动，进入【机械臂示教】界面，开机完成，如图 2-1-11 所示。

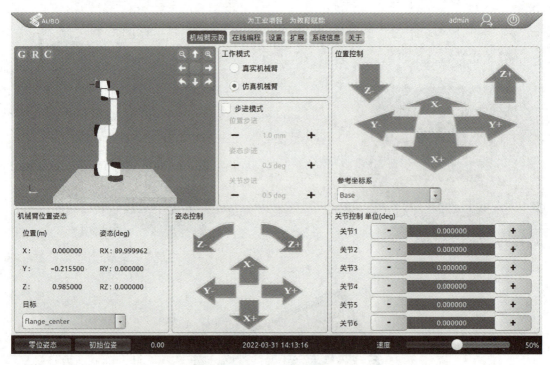

图 2-1-11 开机完成

2. 系统关机操作

1）单击示教器关机按钮，在弹出的对话框中选择【YES】，等待示教器自动关机断电，如图 2-1-12 所示。

2）将机器人控制柜电源开关置于【OFF】，如图 2-1-13 所示。

3）将平台的供气阀关闭，系统关机，如图 2-1-14 所示。

项目2　智能协作机器人示教操作

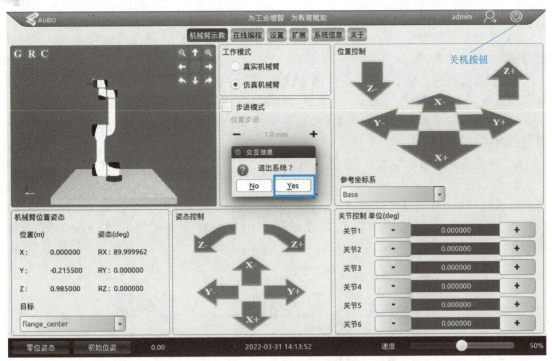

图 2-1-12　示教器关机

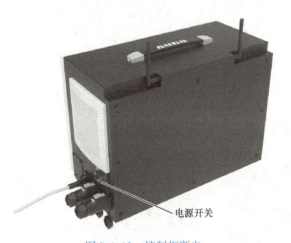

图 2-1-13　控制柜断电

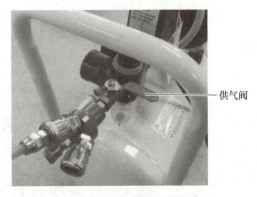

图 2-1-14　供气阀关闭

2.1.3　智能协作机器人手动控制

1. 步进模式控制

为了提高示教精度，可激活步进模式控制功能，从而让被控制的变量以步进的方式精确变化，如图 2-1-15 所示。

智能协作机器人手动控制

机器人步进模式控制说明具体如下：

1) 可勾选复选框进行激活，从而使用步进模式控制方式。

图 2-1-15　步进模式控制

33

2）可通过单击输入框左右两边的按钮来调整机械臂运动的步长。

3）位置步进（即位置控制）用于控制末端位置移动的步长，单位为毫米（mm），可设置范围为 0.10~10.00mm。

4）姿态步进（即姿态控制）用于控制末端姿态运动角度的步长，单位为度（°），可设置范围为 0.10°~10.00°。

5）关节步进（即关节控制）用于控制各个关节运动角度的步长，单位为度（°），可设置范围为 0.10°~10.00°。

6）步进模式仅对末端及关节轴控制有效。

2. 位置控制

机械臂末端可通过基坐标系（见图2-1-16）、末端坐标系或法兰坐标系（见图2-1-17）及用户自定义平面坐标系来实现位置控制，用户可在不同的坐标系下对末端进行示教。

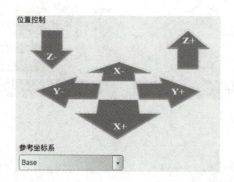

图 2-1-16　基坐标系

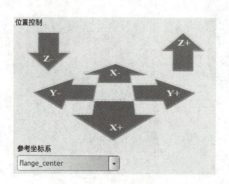

图 2-1-17　法兰坐标系

在机械臂示教界面的左下角位置可以查看机器人的位置与姿态参数，如图2-1-18所示。其中 X、Y、Z 表示工具法兰中心点（选定的工具坐标系）在选定参考坐标系下的坐标值，而 RX、RY、RZ 表示相对于选定参考坐标系旋转的角度值。

3. 姿态控制

姿态控制指在工作点位置不变的情况下，调整末端

图 2-1-18　机械臂位置与姿态参数

工具的工作角度。同样我们可以选择基坐标系（见图 2-1-19）、末端坐标系或法兰坐标系（见图 2-1-20）进行姿态控制。

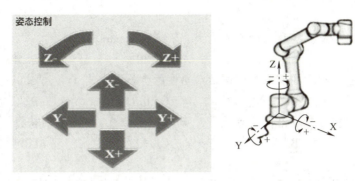

图 2-1-19　基坐标系

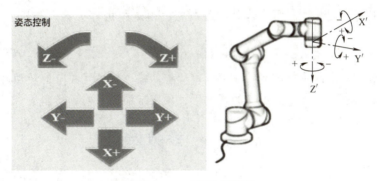

图 2-1-20　法兰坐标系

4. 关节控制

机器人一共有 6 个自由度，分别对应 6 个关节，每个关节由下而上依次命名为关节 1~6。如图 2-1-21 所示，用户只需要使用示教界面上的关节控制按钮就可以控制每个机械臂关节的转动。其中，"＋"表示该关节中的电动机逆时针转动，"－"表示该关节中的电动机顺时针转动，单位为度（°）。

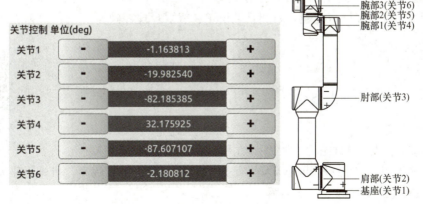

图 2-1-21　机器人关节控制界面

任 务 测 评

一、选择题

1. 步进模式可控制末端移动的步长最大为（　　）mm。
   A. 10　　　　　　B. 20　　　　　　C. 30　　　　　　D. 40
2. 姿态步进控制表示控制末端姿态运动角度的步长最小是（　　）。
   A. 0.3°　　　　　B. 0.2°　　　　　C. 0.1°　　　　　D. 0.05°
3. 如果想让机械臂末端沿着某点旋转，需要单击（　　）界面的按钮。
   A. 位置控制　　　B. 姿态控制　　　C. 关节控制　　　D. 步进模式

二、判断题

1. 智能协作机器人开机前需要旋转示教器【紧急停止】按钮，使其处于弹起状态。（　　）
2. AUBOPE 可实现操作机器人本体和控制柜、创建和执行机器人程序、读取机器人日志信息等功能。（　　）
3. 步进模式仅对末端控制及关节轴控制有效。（　　）
4. 通过示教界面上的关节控制按钮可以单独控制每个机械臂关节的转动。（　　）
5. 位置控制指在工作点位置不变的情况下，调整末端工具的工作角度。（　　）

任务 2.2　参数设置

▶任务描述

为更好地使用智能协作机器人，应掌握基础条件设置，缩减模式设置，关节限制设置和时间、日期、网络、密码等设置。

▶任务目标

1）能正确设置基础条件参数、运动缩减模式参数和机器人关节限制参数等；
2）能正确设置机器人控制系统通用参数；
3）能熟练完成多语言设置、时间日期设定、权限管理等操作。

▶任务实施

2.2.1　了解机器人参数

1. 安全配置参数

（1）基础条件　基础条件设置界面如图 2-2-1 所示。

1）碰撞等级：AUBO 协作机器人共有 10 个碰撞等级，等级越高，机械臂碰撞检测后停止所需的力越小，第 6 级为默认等级。

2）运动限制初值：为工程运行速度的限制。此项设置完毕后，重启软件后生效，在线

安全配置参数

编程界面处的运动限制将显示为此处的设定值。**注意**：此项设置仅启动软件后初始化一次有效，之后如更改运动限制，将以更改后的运动限制为准。

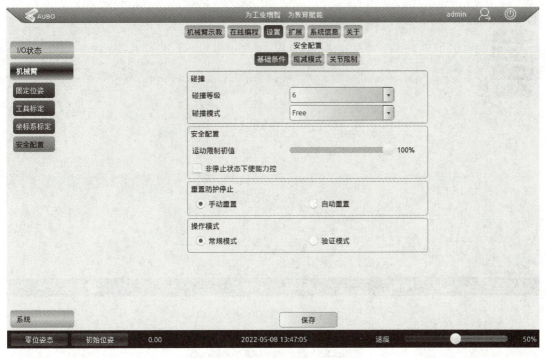

图 2-2-1　基础条件设置界面

3）非停止状态下使能力控：拖动示教使能开关。勾选此项时，机械臂暂停、碰撞或发生保护性停止后，可通过手动信号或外部 I/O（SI06/SI16）让机械臂进入拖动示教模式。

4）重置防护停止：当机械臂安全配置选择【手动重置】时，防护停止信号无效，外部防护重置输入信号有效方能解除保护；选择【自动重置】时，忽略外部防护重置输入信号，当防护停止信号无效时，自动解除保护。

5）操作模式：当选择【常规模式】时，忽略外部三态开关输入信号；当选择【验证模式】时，外部三态开关输入信号有效。

（2）缩减模式　缩减模式设置界面如图 2-2-2 所示。

该模式被激活后，机械臂在关节空间中的运动速度将受到限制，相应文本框中的数值即为各关节运动速度的极限值。其中，关节 1~3 的设定范围为 15~150°/s，关节 4~6 的设定范围为 15~180°/s；机械臂在笛卡儿空间的运动速度极限即为 TCP 速度限制，设定范围为 160~2800mm/s。

（3）关节限制　关节限制设置界面如图 2-2-3 所示。

该模式被激活后，机械臂各个关节的运动角度将受到限制，相应文本框中的数值即为各关节运动角度的极限值。当机器人的位置超过设定的关节角度时，机械臂不会运动并弹出警示信息，此时，如需移动机械臂，可采用拖动示教模式将机械臂运动到允许的关节角度范围内。

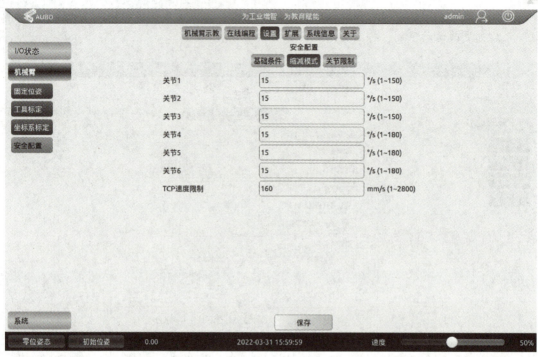

图 2-2-2　缩减模式设置界面

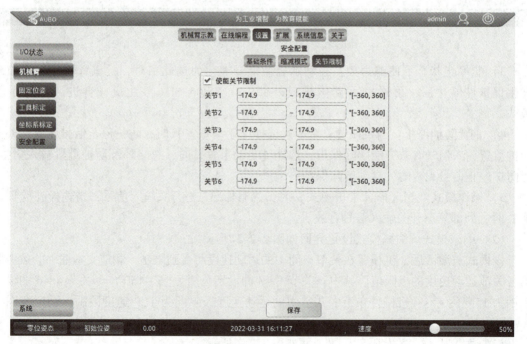

图 2-2-3　关节限制设置界面

2. 系统参数

系统参数设置界面如图 2-2-4 所示。

系统参数

项目2 智能协作机器人示教操作

图 2-2-4 系统参数设置界面

（1）语言 语言设置单元目前提供英文、中文（简体或繁体）、捷克语、德语、法语、意大利语、日语和韩语的设置，如图 2-2-5 所示。

图 2-2-5 语言设置界面

（2）日期时间 日期时间设置单元可以设置系统日期和时间，调整日期、时间后，单击【确认】保存修改，如图 2-2-6 所示。

（3）网络 网络设置单元用于第三方接口控制的网络设置。此界面可设置指定网卡、

图 2-2-6　日期时间设置界面

IP 地址、掩码和网关。第三方接口的网络 IP 地址需与本机的 IP 地址在同一网段。在网络调试界面，用户可以通过【ping】查看与外部设备间的网络是否接通，通过【ifconfig】查看网卡信息，通过【Server Status】查看机械臂服务器端口号是否处于监听状态，如图 2-2-7 所示。

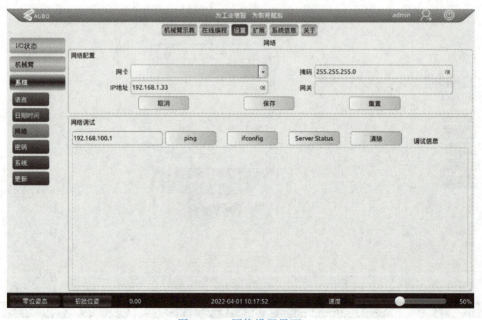

图 2-2-7　网络设置界面

（4）密码　密码设置单元可设置用户密码（默认密码为"1"）。输入当前密码、新密码和确定密码后，单击【确认】即可更改密码。只有输入正确密码，用户才能使用示教器。此界面仅修改当前登录的用户密码。密码设置后，需要重新登录，如图 2-2-8 所示。

项目2 智能协作机器人示教操作

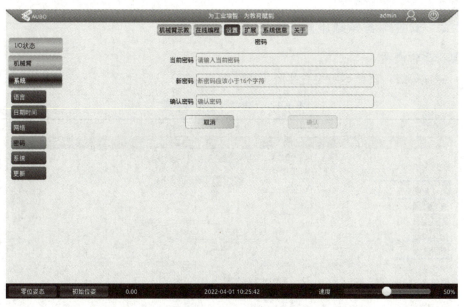

图 2-2-8 密码设置界面

（5）系统　勾选【显示行号】，切换至在线编程界面后，在程序逻辑处将显示程序的行号。输入锁屏时间，单击【确认】，可更新屏幕锁定的时间。默认锁屏时间为500s，如图2-2-9所示。

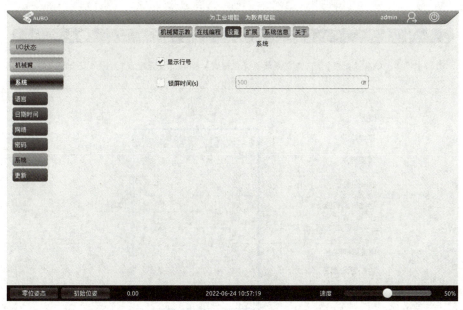

图 2-2-9 系统设置界面

（6）更新　更新设置单元可进行恢复出厂设置、软件/固件更新和文件导出。更新设置只有在admin用户登录下才能进行修改。**注意**：只支持FAT32格式的U盘，如图2-2-10所示。

图 2-2-10 U盘格式

41

2.2.2 安全配置参数设置

1. 基础条件设置

（1）碰撞等级　碰撞等级设置步骤见表 2-2-1。

表 2-2-1　碰撞等级设置步骤

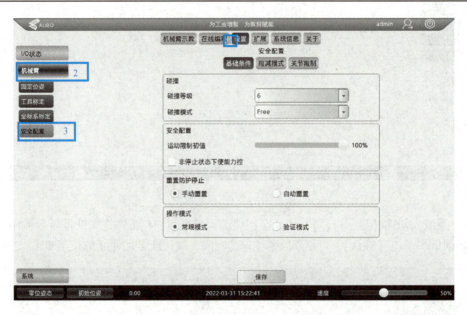

① 进入示教器主界面，单击【设置】，选择左侧菜单【机械臂】中的【安全配置】，进入安全配置界面

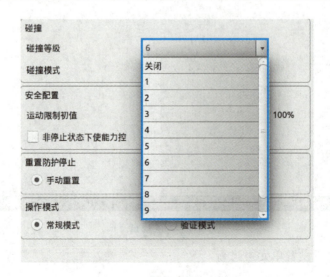

② 单击【碰撞等级】下拉菜单，根据实际需求设置碰撞等级参数

项目2　智能协作机器人示教操作

（续）

③ 单击【保存】，输入密码【1】，单击【Enter】，完成碰撞等级设置

（2）运动限制初值　运动限制初值设置步骤见表2-2-2。

表 2-2-2　运动限制初值设置步骤

① 拖动【运动限制初值】滑动条，调整运动限制初值

（续）

② 单击【保存】，输入密码【1】，单击【Enter】，完成运动限制初值设置

(3) 非停止状态下使能力控　非停止状态下使能力控设置步骤见表 2-2-3。

表 2-2-3　非停止状态下使能力控设置步骤

① 勾选【非停止状态使能力控】

项目2　智能协作机器人示教操作

（续）

② 单击【保存】，输入密码【1】，单击【Enter】，完成非停止状态下使能力控设置

（4）重置防护停止　重置防护停止设置步骤见表2-2-4。

表 2-2-4　重置防护停止设置步骤

① 根据需要切换重置防护停止为【手动重置】或【自动重置】

（续）

② 单击【保存】，输入密码【1】，单击【Enter】，完成重置防护停止设置

（5）操作模式　操作模式设置步骤见表2-2-5。

表2-2-5　操作模式设置步骤

① 根据需要切换操作模式为【常规模式】或【验证模式】

项目2 智能协作机器人示教操作

（续）

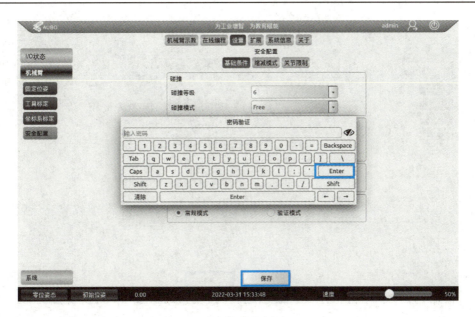

② 单击【保存】，输入密码【1】，单击【Enter】，完成操作模式设置

2. 缩减模式设置

缩减模式设置步骤见表2-2-6。

表 2-2-6　缩减模式设置步骤

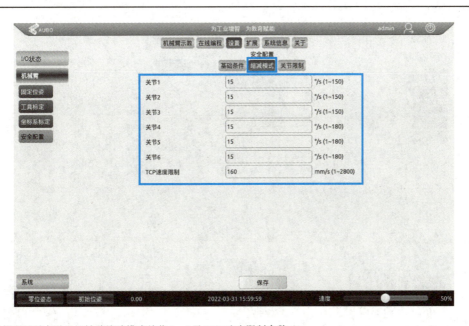

① 根据实际需求设置机械臂缩减模式关节 1~6 及 TCP 速度限制参数

（续）

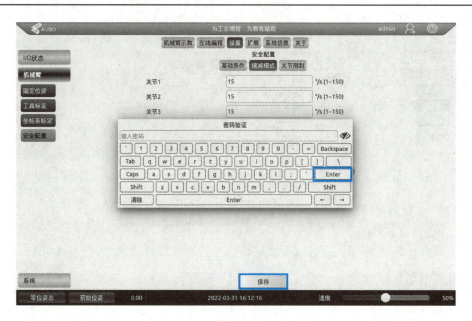

② 单击【保存】，输入密码【1】，单击【Enter】，完成缩减模式设置

3. 关节限制设置

关节限制设置步骤见表2-2-7。

表2-2-7　关节限制设置步骤

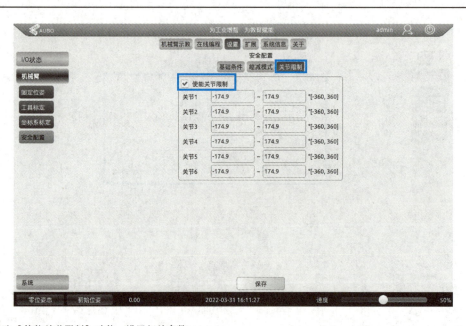

① 勾选【使能关节限制】功能，设置相关参数

（续）

② 单击【保存】，输入密码【1】，单击【Enter】，完成缩减模式设置

2.2.3 系统参数设置

1. 网络设置及调试

网络设置及调试步骤见表2-2-8。

表 2-2-8 网络设置及调试步骤

① 打开示教器，单击【设置】→【网络】，进入网络设置界面

（续）

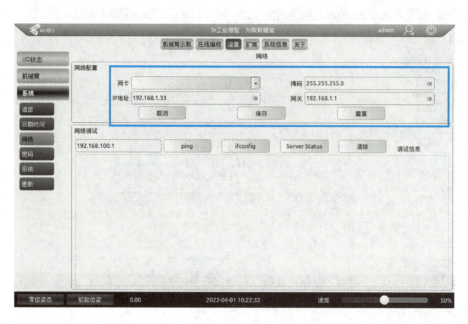

② 单击【网卡】下拉菜单，选择默认网卡（以示教器显示为准），输入 IP 地址，如【192.168.1.33】，设置掩码为【255.255.255.0】，设置网关为【192.168.1.1】；单击【保存】，机器人控制柜断电重启，网络设置完成

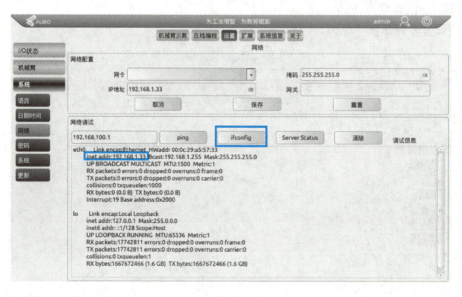

③ 查看网络是否设置成功，单击【ifconfig】，查看当前机器人的 IP 地址

④ 单击【网络调试】文本框,输入上位机的 IP 地址【192.168.1.20】(以实际上位机地址为准),单击【ping】,查看机器人与工控机网络硬件是否链接成功,硬件连接成功如上所示。

2. 更新设置

(1) 恢复出厂设置　单击【恢复出厂设置】,系统将恢复出厂时状态,如图 2-2-11 所示。用户密码将恢复至初始密码"1",锁屏时间恢复为初始锁屏时间"500s"。**注意**:软件用户设置的数据将被清除,应谨慎使用此项功能。

图 2-2-11　恢复出厂设置

（2）更新软件　用来升级 AUBOPE 软件，程序名称以"AuboProgramUpdate"开头，如图 2-2-12 所示。

软件更新操作步骤为：

① 机器人控制柜插入 USB 存储设备，在图 2-2-12 所示界面中选择【更新软件】。

② 单击【扫描软件安装包】。

③ 在更新包列表中识别出需要更新的软件名称条目，单击【更新软件】。

注意：文件目录名称只能为英文字符。更新的软件/固件只能放在根目录下。更新的软件必须是以 .aubo 结尾的压缩文件。

图 2-2-12　更新软件

（3）更新固件　用来升级接口板程序，程序名称以"InterfaceBoard"开头，如图 2-2-13 所示。

固件更新操作步骤为：

① 机器人控制柜插入 USB 存储设备，在图 2-2-13 所示界面中选择【更新固件】。

② 单击【扫描固件安装包】；

③ 在更新包列表中识别出需要更新的固件后，单击该软件名称条目，单击【更新固件】。

注意：文件目录名称只能为英文字符。更新的固件只能放在根目录下。更新的固件必须是以".aubo"结尾的压缩文件。

（4）文件导出　文件导出操作步骤为：

① 机器人控制柜插入 USB 存储设备并在图 2-2-14 所示界面中选择【文件导出】；

② 单击【扫描设备】，存储设备被识别后，单击【文件导出】，相应的日志文件或工程文件将导入到 USB 存储设备中。

项目2　智能协作机器人示教操作

图 2-2-13　更新固件

图 2-2-14　文件导出

任务测评

判断题

1. AUBO 协作机器人共有 10 个碰撞等级，等级越高，机械臂碰撞检测后停止所需的力越小，第 6 级为默认等级。（ ）
2. 运动限制初值为工程运行速度的限制。（ ）
3. 缩减模式被激活后，机械臂在关节空间中的运动角度将受到限制。（ ）
4. 关节限制模式被激活后，机械臂各个关节的运动速度将受到限制。（ ）
5. 更新设置单元可进行恢复出厂设置、软件/固件更新和文件导出。更新设置界面任何用户登录都能进行修改。（ ）
6. 使用恢复出厂设置时，软件用户设置的数据将被清除。（ ）
7. 智能协作机器人只支持 FAT32 格式的 U 盘。（ ）

任务 2.3　坐标系新建及标定

任务描述

坐标系是智能协作机器人运动的参考，选择不同的坐标系会产生不同的程序执行效果，想要正确地使用智能协作机器人就必须掌握坐标系新建、标定和应用等设置方法。

任务目标

1）会熟练新建、精准标定工具坐标系；
2）熟练掌握工具坐标系的应用；
3）掌握工作坐标系的新建、标定和应用。

任务实施

2.3.1　了解智能协作机器人坐标系

1. 世界坐标系

世界坐标系（World Coordinate System）又称大地坐标系或绝对坐标系，是以地球为参照系的固定笛卡儿坐标系，与机器人的运动无关。在没有建立其他坐标系之前，机器人上所有点的位置都基于该坐标系来确定，如图 2-3-1 所示。

在使用世界坐标系时，机器人在空间中的运动始终唯一，因为世界坐标系的原点和坐标方向始终固定。对于单台机器人，世界坐标系和基坐标系通常重合。但是对于两台或多台共同协作的机器人，很难预测相互协作运动的情况，此时可定义一个共同的世界坐标系。

智能协作机器人坐标系

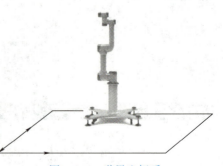
图 2-3-1　世界坐标系

2. 基坐标系

基坐标系（Base Coordinate System）又称为基座坐标系，如图 2-3-2 所示，通常位于机器人基座上，为描述机器人从一个位置移动到另一个位置的坐标系。基坐标系在机器人基座中有相应的零点，在正常配置的机器人系统中，可通过移动底座来移动该坐标系。

3. 法兰坐标系

法兰坐标系（Flange Coordinate System）是以机器人最前端法兰面为基准确定的坐标系。如图 2-3-3 所示，其坐标原点位于法兰中心，与法兰面垂直的轴为 Z 轴，Z 轴正向朝外，法兰中心与定位销孔的连接线为 Y 轴。法兰坐标系固定在法兰面上，当法兰转动时，法兰坐标系会随着法兰面转动。

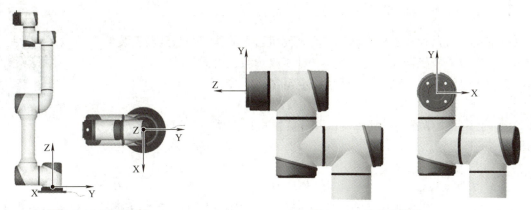

图 2-3-2　基坐标系　　　　　　　　　图 2-3-3　法兰坐标系

4. 工作坐标系

工作坐标系（Work Coordinate System）通常在基坐标系或者世界坐标系下建立，机器人可以与不同的工作台或夹具配合工作，在每个工作台上建立一个工作坐标系，如图 2-3-4 所示。机器人大部分采用示教编程的方式，步骤烦琐，对于相同工件，若放置在不同工作台进行操作，不必重新编程，只需相应地变换到当前工作坐标系。

5. 工具坐标系

工具坐标系（Tool Coordinate System）以工具的中心为基准点建立。安装在末端法兰盘上的工具需要在其中心点定义一个工具坐标系，通过坐标系的转换，可操作机器人在工具坐标系下运动，从而方便操作。由于工具坐标系在法兰坐标系基础上建立，若工具磨损或更换，只需重新定义工具坐标系，而无须更改程序，如图 2-3-5 所示。

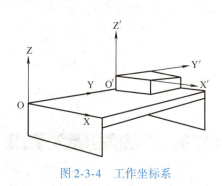

图 2-3-4　工作坐标系　　　　　　　　图 2-3-5　工具坐标系

6. 几种坐标系的关系

在机器人坐标系的设定中，世界坐标系是系统的绝对坐标系，而在没有建立工作坐标系之前，所有点的坐标都是以世界坐标系为原点来确定各自的位置。世界坐标系是一个被固定在由机器人事先确定的位置上的标准直角坐标系，在单台机器人工作站中与基坐标系重合。

基坐标系是设置在机器人基座中的坐标系，坐标原点一般为基座中心点。可通过在基坐标 X 轴、Y 轴、Z 轴上的位移和旋转角来确定机器人末端法兰或抓手的位置和姿态。

工作坐标系是基于基坐标系而设定的，用于位置数据的示教和执行。

2.3.2 工具坐标系标定

智能协作机器人在安装工具后，为了使机器人的移动参照到新安装的工具末端，需要设置机器人工具坐标系，即工具示教，也称工具标定。

AUBO 协作机器人的工具坐标系标定包含三个部分：

1）工具运动学标定（约束工具末端轨迹运动）。

2）工具动力学标定（约束机械臂有负载时的速度、加速度等动力学参数）。

3）工具设置。

工具坐标系标定步骤如下：

（1）运动学标定

1）单击示教器界面上菜单栏处的【设置】，单击左侧菜单栏【机械臂】→【工具标定】，单击菜单栏处的【运动学标定】→【运动学参数】，如图 2-3-6 所示。

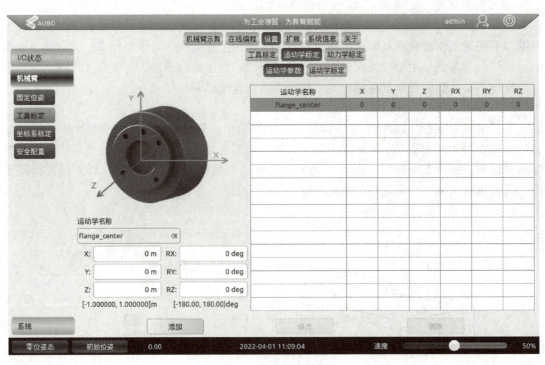

图 2-3-6　动力学参数界面

2）单击【运动学名称】，输入工具运动学名称，单击【添加】按钮，完成新建运动学名称，如图 2-3-7 所示。

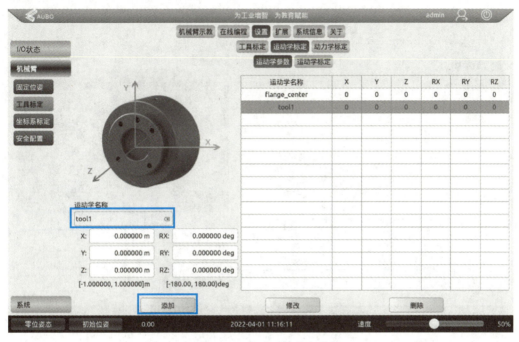

图 2-3-7　新建运动学名称

3）单击上方菜单栏处的【运动学标定】→【运动学标定】，进入运动学标定界面，如图 2-3-8 所示。

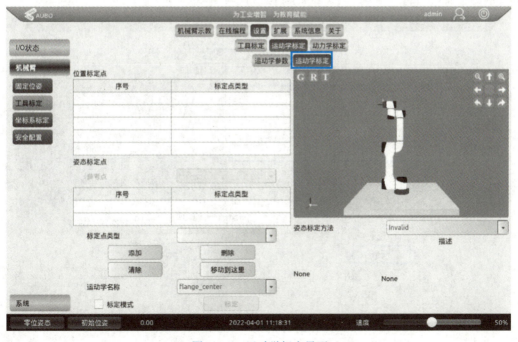

图 2-3-8　运动学标定界面

4）单击左侧下方的【运动学名称】，选择新建的运动学名称，以"tool1"为例，【标定点类型】选择【位置标定点】，【姿态标定方法】选择【xOxy】，如图2-3-9所示。

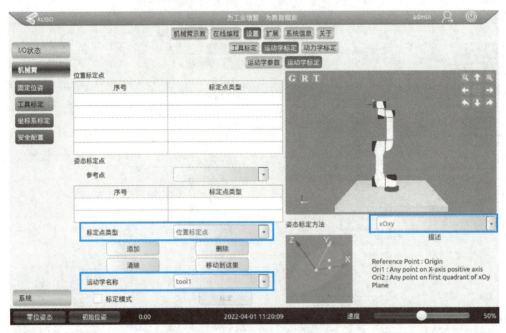

图2-3-9　运动学标定参数选择

5）首先进行【位置标定点】标定，单击【添加】，在示教界面进行运动控制或拖动示教，使工具末端作用点接近标定参考点，确定第一个位置点，变换工具姿态后，同样方法确定剩余的位置标定点，如图2-3-10所示。

图2-3-10　添加位置标定点

6)【标定点类型】切换为【姿态标定点】,【参考点】选择【位置标定点】中的任意一个,如【Pos1】,单击【添加】,在示教界面进行运动控制或拖动示教,确定 X 方向的位置点,如图 2-3-11 所示。

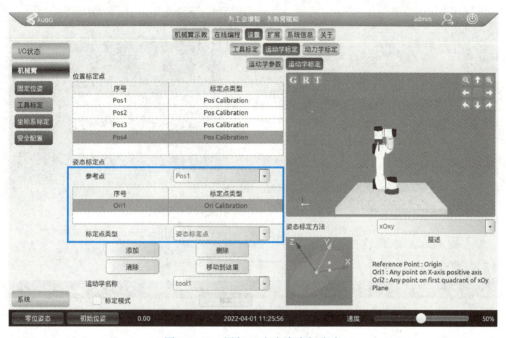

图 2-3-11　添加 X 方向姿态标定点

7)单击【添加】,在示教界面进行运动控制或拖动示教,确定 X、Y 区间方向的位置点,如图 2-3-12 所示。

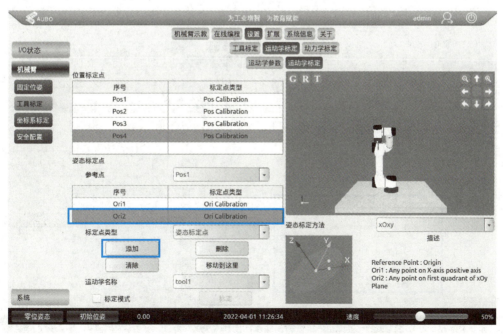

图 2-3-12　添加 X、Y 区间姿态标定点

8）勾选【标定模式】选项，使能【标定】按钮，单击【标定】，如图 2-3-13 所示。

图 2-3-13　运动学标定

9）完成标定，工具末端位置参数和姿态参数将自动添加到左下角的数据显示区中，单击【修改】，保存运动学参数。该界面也支持手动输入工具运动学参数。手动输入参数时，单击【添加】保存参数，如图 2-3-14 所示。

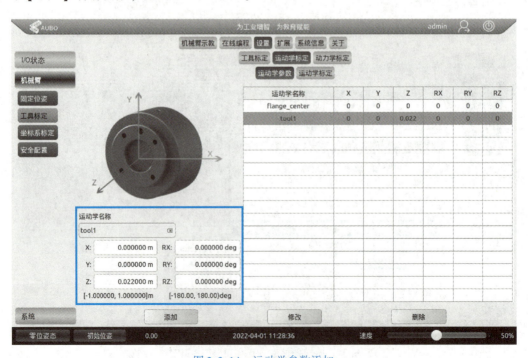

图 2-3-14　运动学参数添加

（2）动力学标定　在【动力学标定】界面，设置动力学参数（工具的重量以及重心位置）及名称，单击【添加】，创建工具的动力学参数。

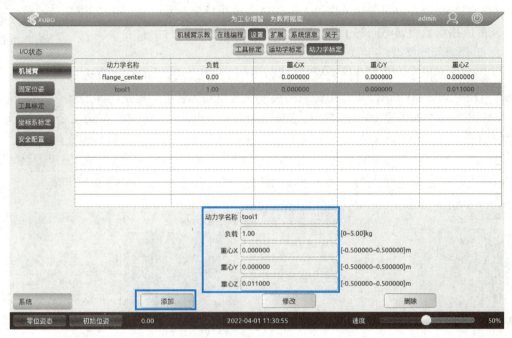

图 2-3-15　动力学标定

（3）工具设置　完成工具运动学标定和动力学标定后，进入【工具标定】界面，输入【工具名称】，通过下拉列表选择工具【运动学名称】和【动力学名称】，单击【添加】按钮，保存工具参数，如图 2-3-16 所示。

图 2-3-16　工具参数设置

2.3.3 工作坐标系标定

工作坐标系标定

智能协作机器人工作坐标系也称工件坐标系或用户坐标系。用户可以根据不同的应用场景设置不同的工作坐标系，从而更方便地进行示教等操作。

1. 工作坐标系类型

工作坐标系标定方法有九种类型，分别为 xOy、yOz、zOx、xOxy、xOxz、yOyz、yOyx、zOzx 和 zOzy。工作坐标系的类型命名规则和每种坐标系的标定点要求如下：

1）图 2-3-17 所示是 xOy 类型，要求标定的第一个点为坐标系原点，第二个点为 X 轴正半轴上任意一点，第三个点为 Y 轴正半轴上任意一点，三点所形成的夹角为直角。

2）图 2-3-18 所示是 yOz 类型，要求标定的第一个点为坐标系原点，第二个点为 Y 轴正半轴上任意一点，第三个点为 Z 轴正半轴上任意一点，三点所形成的夹角为直角。

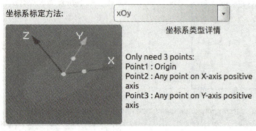

图 2-3-17　xOy 类型　　　　　　　图 2-3-18　yOz 类型

3）图 2-3-19 所示是 zOx 类型，要求标定的第一个点为坐标系原点，第二个点为 Z 轴正半轴上任意一点，第三个点为 X 轴正半轴上任意一点，三点所形成的夹角为直角。

4）图 2-3-20 所示是 xOxy 类型，要求标定的第一个点为坐标系原点，第二个点为 X 轴正半轴上任意一点，第三个点为 xOy 平面第一象限内任意一点，三点所形成的夹角为锐角。

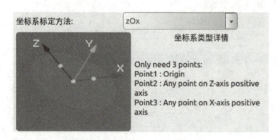
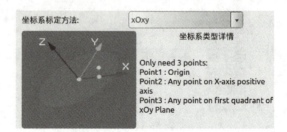

图 2-3-19　zOx 类型　　　　　　　图 2-3-20　xOxy 类型

2. 工作坐标系标定方法（以 xOxy 为例）

1）【坐标系名称】创建为 "work_1"，【工具名称】选择【tool1】，勾选【标定方法】，如图 2-3-21 所示。

2）单击选择【Point1】，单击【设置路点】进入手动操作界面，在示教界面进行运动控制或拖动示教，确定第一个位置点 "Point1"，该点为工作坐标系原点，如图 2-3-22 所示。

3）单击选择【Point2】，单击【设置路点】进入手动操作界面，在示教界面进行运动控制或拖动示教，确定 X 方向的位置点 "Point2"，如图 2-3-23 所示。

项目2　智能协作机器人示教操作

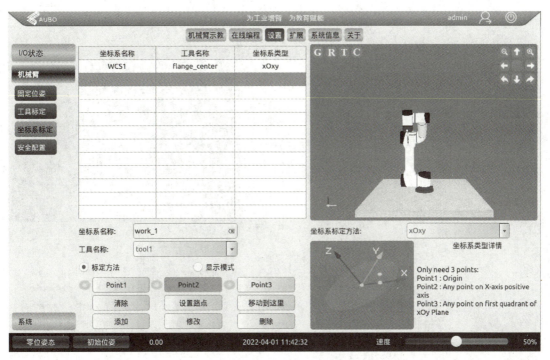

图 2-3-21　坐标系标定参数设置

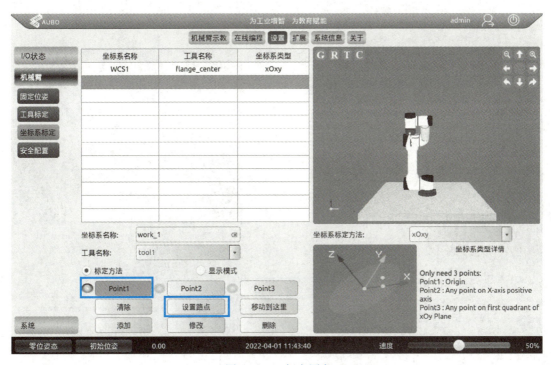

图 2-3-22　标定原点

4）单击选择【Point3】，单击【设置路点】进入手动操作界面，在示教界面进行运动控制或拖动示教，确定 Y 方向的位置点"Point3"，如图 2-3-24 所示。

63

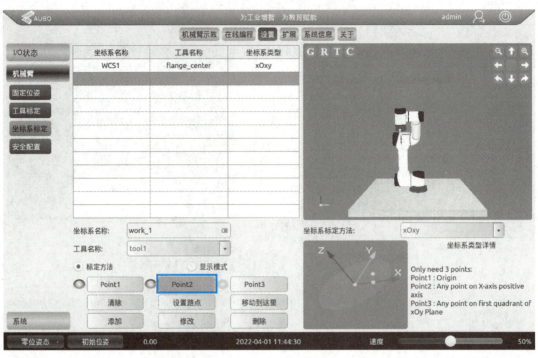

图 2-3-23　标定 X 方向位置点

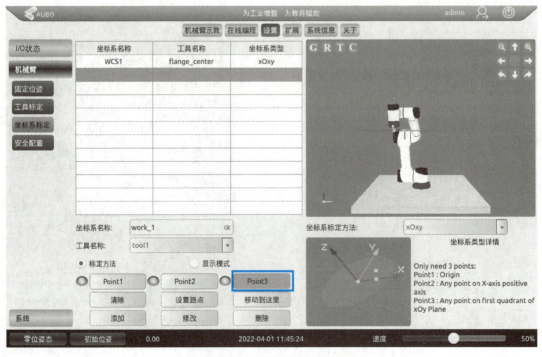

图 2-3-24　标定 Y 方向位置点

5）单击【添加】，完成坐标系标定，如图 2-3-25 所示。

项目2 智能协作机器人示教操作

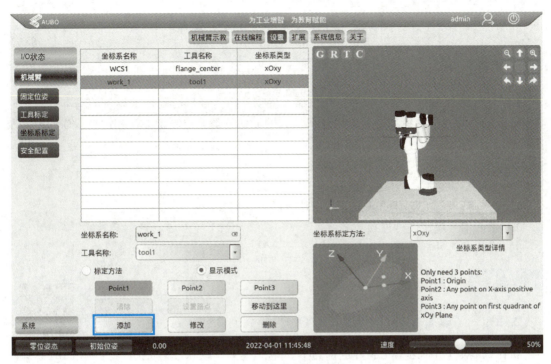

图 2-3-25 完成坐标系标定

任 务 测 评

一、选择题

1. 智能协作机器人工具标定包括（   ）步骤。

A. 运动学标定　　　B. 动力学标定　　　C. 工具设置　　　D. 性能标定

2. 坐标系标定时，标定的第一个点为坐标系原点，第二个点为 X 轴正半轴上任意一点，第三个点为 Y 轴正半轴上任意一点，三点所形成的夹角为直角。这是（   ）类型坐标系。

A. xOy　　　　　　B. yOz　　　　　　C. zOx　　　　　　D. xOxy

二、判断题

1. 对于单台机器人，世界坐标系和基坐标系通常重合。（   ）

2. 基坐标系通常位于机器人基座上，为便于描述机器人从一个位置移动到另一个位置的坐标系。（   ）

3. 法兰坐标系位于法兰中心，与法兰面垂直的轴为 Z 轴，Z 轴正向朝外，法兰中心与定位销孔的连接线为 Y 轴。（   ）

4. 工作坐标系通常在基坐标系或者世界坐标系下建立，机器人可以和不同的工作台或夹具配合工作，在每个工作台上建立一个用户坐标系。（   ）

5. 工具坐标系以工具的中心为基准点建立。（   ）

任务 2.4　I/O 信号控制

任务描述

I/O 信号的处理和控制是智能协作机器人接收外部信号与控制外围设备的基本方式，通过本任务的学习，能熟练掌握智能协作机器人的 I/O 分类、控制柜 I/O 和用户 I/O 的定义及应用。

任务目标

1）会进行机器人信号的区分并掌握信号的不同用法；
2）掌握信号应用硬件连接方式；
3）会机器人外部信号检测与控制。

任务实施

2.4.1　了解智能协作机器人 I/O 分类

智能协作机器人I/O介绍

机器人的输入/输出单元通常也称为 I/O 单元或 I/O 模块，它是机器人与工业生产现场之间的连接部件。机器人通过输入接口把外部设备的各种状态或信号读入机器人，按照用户程序执行运算与操作。同时，又能通过输出接口将处理结果传送给被控对象，驱动各种执行机构，实现工业生产过程的自动控制。

机器人作业现场的输入/输出信号包括开关量和模拟量两类，因此 I/O 单元也分为数字量输入/输出和模拟量输入/输出两种，前者称为 DI/DO，后者称为 AI/AO。机器人提供了多种操作电平和驱动能力的 I/O 接口供用户选用。操作人员在 AUBO 协作机器人示教器设置界面中可以查看 I/O 接口信息并对其进行设置。

AUBO 协作机器人的 I/O 信号分为三类，分别是控制柜 I/O、用户 I/O 和工具 I/O。

1. 控制柜 I/O

控制柜 I/O（Controller I/O）可分为三种接口，它们分别是安全 I/O、内部 I/O 和联动 I/O，图 2-4-1 为示教器中的控制柜 I/O 设置界面。

（1）安全 I/O　所有的安全 I/O 均为双通道，安全 I/O 端口功能见表 2-4-1，保持冗余配置可确保单一故障不会导致安全功能失效。

表 2-4-1　安全 I/O 端口功能定义

输入端口	功能定义	输出端口	功能定义
SI00/ SI10	外部紧急停止	SO00/SO10	系统紧急停止（常开）
SI01/ SI11	防护停止输入	SO01/SO11	机器人运动
SI02/ SI112	缩减模式输入	SO02/SO12	机器人未停止
SI03/ SI13	防护重置	SO03/SO13	缩减模式
SI04/ SI14	三态开关	SO04/SO14	非缩减模式

(续)

输入端口	功能定义	输出端口	功能定义
SI05/ SI15	操作模式	SO05/SO15	系统错误
SI06/ SI16	拖动示教使能	SO06/SO16	系统紧急停止（常闭）
SI07/ SI17	系统停止输入	SO07/SO17	上位机运行

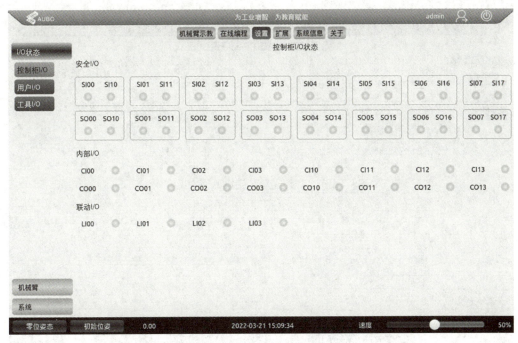

图 2-4-1 控制柜 I/O 设置界面

（2）内部 I/O 　内部 I/O 为内部功能接口，内部 I/O 端口功能定义见表 2-4-2，可提供控制柜内部接口板的 I/O 状态显示，不对用户开放。

表 2-4-2 　内部 I/O 端口功能定义

端口	功能定义	端口	功能定义
CI00	状态有效表示联动模式，状态无效表示手动模式	CO00	待机指示
CI01	状态有效表示主动模式，状态无效表示从动模式	CO01	急停指示
CI02	控制柜接触器	CO02	状态有效表示联动模式，状态无效表示手动模式
CI03	控制柜急停	CO03	上位机运行指示
CI10	伺服上电	CO10	备用
CI11	伺服断电	CO11	急停指示
CI12	控制柜接触器	CO12	备用
CI13	控制柜急停	CO13	备用

(3) 联动 I/O　机械臂可通过该 I/O 接口与外部一台或多台设备（如机械臂等）通信，从而进行协同运动，联动 I/O 端口功能定义见表 2-4-3。

表 2-4-3　联动 I/O 端口功能定义

端口	功能定义
LI00	联动-程序启动输入
LI01	联动-程序停止输入
LI02	联动-程序暂停输入
LI03	联动-回初始位置输入

2. 用户 I/O

(1) 用户 I/O 设置界面　示教器中的用户 I/O 设置界面如图 2-4-2 所示。

图 2-4-2　用户 I/O 设置界面

(2) 用户 I/O 类型

1) DI 和 DO 为通用数字 I/O：共有 8 路输入和 8 路输出，可用于直接驱动继电器等电器。

2) AI（模拟输入）：用于显示所采集传感器的电压值，有 2 个模拟输入信号，分别是 VI0 和 VI1，范围均为 0~10V，精度为 ±1%。

3) AO（模拟输出）：用于显示接口板输出的电压/电流值，有 2 个模拟输出信号，分别是 VO0 和 VO1。

4) 输出 I/O 控制：选择需要改变状态的 I/O，然后在文本框中输入相应的数值，其中 DO 有 Low 和 High 两种状态。AO 的电压输出范围为 0~10V，单击【发送】按钮，相应的 I/O 即被置为设定值。

3. 工具 I/O

示教器中的工具 I/O 设置界面如图 2-4-3 所示。用户通过引脚 3、4、5 和 7 可配置 4 路数字 I/O，引脚 6 和 8 可配置为模拟输入，模拟电压数值范围为 0~10V，引脚 2 可配置 0V、12V 和 24V 三种电压数值。

项目2　智能协作机器人示教操作

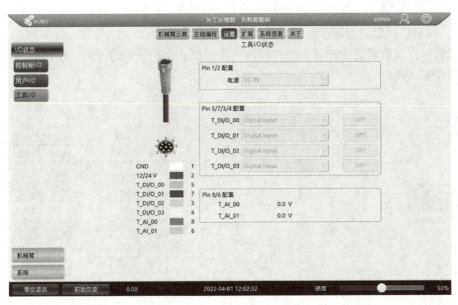

图 2-4-3　工具 I/O 设置界面

2.4.2　控制柜 I/O 应用

1. 安全 I/O 应用

安全 I/O 应用

为了确保安全运行，智能协作机器人的控制柜通常会提供安全输入/输出接口。AUBO-E5 型协作机器人的安全输入/输出接口均具备双回路安全通道，可确保在发生单一故障时机器人不会丧失安全功能。在使用时，必须按照安全说明安装安全装置及设备，并经过全面的风险评估后，方可使用。下面通过举例，简要介绍一些常用的安全 I/O 的配置和应用。

（1）默认安全配置　出厂的机器人均进行了默认安全配置，机器人可以在不添加附加安全设备的情况下安全使用，如图 2-4-4 所示。

（2）外部停止输入　当需要使用一个或多个额外的紧急停止按钮时，用户可参考图 2-4-5 所示的方式，连接紧急停止按钮。

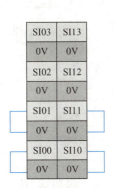

图 2-4-4　默认安全配置示意图

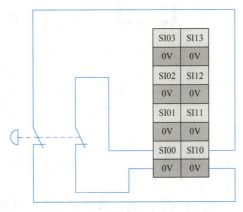

图 2-4-5　外部停止输入连接示意图

69

(3) 防护停止输入 用户可通过此接口连接外部安全设备（如安全光幕、安全激光扫描仪等），控制机械臂进入防护停止状态，从而停止运动。

在配置可自动重置的防护停止时，用户可参考图2-4-6所示的方式，使用安全光幕连接至防护停止输入接口。

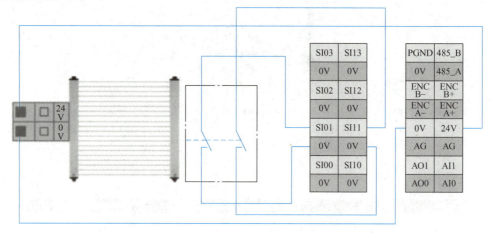

图2-4-6 防护停止输入连接示意图（内部电源供电）

操作员进入安全地带，机械臂停止运动并保持2类停机状态。操作员离开安全地带，机械臂从停止点开始，自动运行。此过程中，无须使用防护重置输入。

注意：使用此类配置时，用户需通过AUBOPE选择重置防护停止为自动重置。

(4) 缩减模式输入 用户可通过此接口，控制机械臂进入缩减模式。在缩减模式下，机械臂的运动参数（如关节速度、TCP速度）将被限制在用户定义的缩减模式范围内。用户可参考图2-4-7所示的方式，使用安全垫连接缩减模式输入接口。

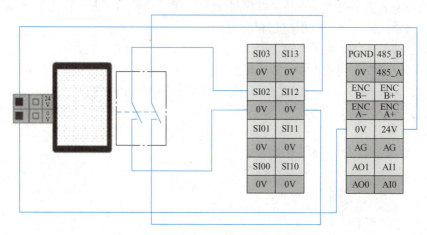

图2-4-7 缩减模式输入连接示意图

操作员进入安全地带，机械臂进入缩减模式，机械臂的运动参数（如关节速度、TCP速度）将被限制在用户定义的缩减模式范围内。操作员离开安全地带，机械臂退出缩减模式，进入正常模式，机械臂正常运行。

注意：使用此类配置时，用户需通过AUBOPE设置缩减模式运动参数。

项目2　智能协作机器人示教操作

（5）防护重置输入　在配置带重置设备的防护停止时，用户可通过此接口连接外部重置设备（如重置按钮等）。用户可参考图2-4-8所示的方式，使用安全光幕连接防护停止输入接口，并使用安全重置按钮连接防护重置输入接口。

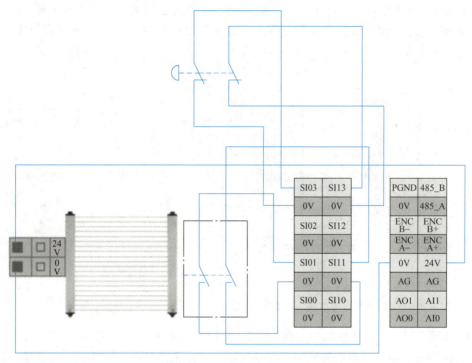

图2-4-8　防护重置输入连接示意图（内部电源供电）

操作员进入安全地带，机械臂停止运动并保持2类停机状态。操作员离开安全地带，需从安全地带外部，通过重置按钮重置机械臂后，机械臂从停止点开始继续运行。此过程中，需使用防护重置输入。

注意：使用此类配置时，用户需通过AUBOPE选择重置防护停止为手动重置。

（6）三态开关输入　用户可通过此接口连接外部安全设备（如三位置使能开关等），用于验证程序时使用。用户可参考图2-4-9所示的方式，使用三位置使能开关连接三态开关输入接口。

在验证模式下，只有当三位置使能开关处于使能位置（中间位置）时，机械臂开始运动；当用户松开或按紧三位置使能开关时，三位置使能开关处于非使能位置，机械臂停止运动。注意：使用此类配置时，用户需确保机器人处于验证模式。用户可通过AUBOPE设置操作模式为验证模式，也可以通过操作模式输入设置操作模式为验证模式。

（7）操作模式输入　用户可通过此接口，连接外部安全设备（如模式选择开关等），选择机器人工作模式。用户可参考图2-4-10所示方式，使用安全选择开关连接操作模式输入接口。

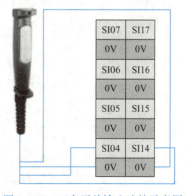

图2-4-9　三态开关输入连接示意图

71

当用户将选择开关调至 A 档时，机器人进入常规模式，用户可正常使用机器人。当用户将选择开关调至 B 档时，机器人进入验证模式。此模式下，只有三态开关输入为有效时，机械臂执行验证工程文件，正常运行。当三态开关输入为无效时，机械臂立即停止运动。

（8）拖动示教使能输入　用户可通过此接口，接收外部拖动示教信号，机械臂进入可拖动示教状态。用户可参考图 2-4-11 所示方式，在脱离示教器力控按钮的情况下进行拖动示教。

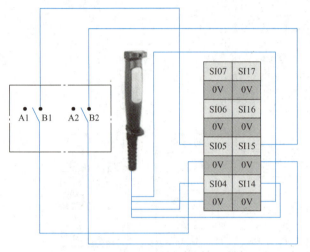

图 2-4-10　操作模式输入连接示意图　　　　图 2-4-11　拖动示教使能输入连接示意图

（9）系统停止输入　用户可通过此接口，接收外部停止信号，控制机器人进入 1 类停机状态。此输入可用于多机协作状态下，通过设置一条公用紧急停止线路，与其他机器共享紧急停止。操作员可通过一台机器的紧急停止按钮控制整条线的机器进入紧急停止状态。

用户可参考图 2-4-12 所示的方式，两台机器共享紧急停止功能，该线路中系统紧急停止输出连接系统停止输入接口。

图 2-4-12　系统停止输入连接示意图

当其中一台进入紧急停止状态时，另一台也会立即进入紧急停止状态，实现两台机器共享紧急停止功能。

（10）系统紧急停止输出　当机器人进入紧急停止状态时，用户可通过此接口对外部输出紧急停止信号，外部报警灯亮。用户可参考图 2-4-13 所示的方式，连接外部报警灯至系统紧急停止输出接口。

注意：此功能用途广泛，在任何情况下使用，用户需进行完整风险评估。

（11）机器人运动输出　当机械臂正常运动时，用户可通过此接口对外部输出机器人的运动信号，外部机器人运动状态指示灯亮。用户可参考图2-4-14所示的方式，连接外部指示灯至机器人运动输出接口。

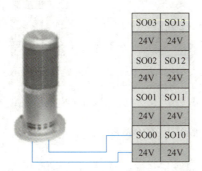

图2-4-13　系统紧急停止输出连接示意图

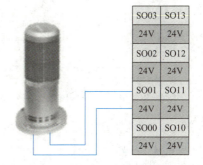

图2-4-14　机器人运动输出连接示意图

注意：此功能用途广泛，在任何情况下使用，用户需进行完整风险评估。

（12）机器人未停止输出　当机械臂接收到停止信号并在减速过程，但还未完全停止时，用户可通过此接口对外部输出机器人未停止信号，外部机器人未停止状态指示灯亮。用户可参考图2-4-15所示的方式，连接外部指示灯至机器人运动输出接口。

注意：此功能用途广泛，在任何情况下使用，用户需进行完整风险评估。

（13）缩减模式输出　当机械臂进入缩减模式时，用户可通过此接口对外部输出缩减模式信号，外部缩减模式指示灯亮。用户可参考图2-4-16所示的方式，连接外部指示灯至缩减模式输出接口。

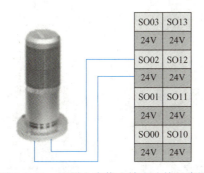

图2-4-15　机器人未停止输出连接示意图

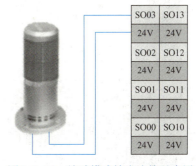

图2-4-16　缩减模式输出连接示意图

注意：此功能用途广泛，在任何情况下使用，用户需进行完整风险评估。

（14）非缩减模式输出　当机械臂进入非缩减模式时，用户可通过此接口对外部输出非缩减模式信号，外部非缩减模式指示灯亮。用户可参考图2-4-17所示的方式，连接外部指示灯至非缩减模式输出接口。

注意：此功能用途广泛，在任何情况下使用，用户需进行完整风险评估。

（15）系统错误输出　当机器人系统错误时，用户可通过此接口对外部输出系统错误信号，外部系统错误指示灯亮。用户可参考图2-4-18所示的方式，连接外部指示灯至系统错误输出接口。

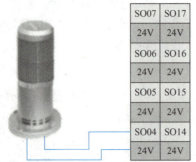 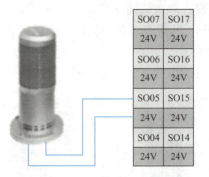

图 2-4-17　非缩减模式输出连接示意图　　　图 2-4-18　系统错误输出连接示意图

注意：此功能用途广泛，在任何情况下使用，用户需进行完整风险评估。

2. 联动 I/O 应用

（1）模式简介

1）手动模式。外部通过联动模式 I/O 接口输入到机械臂的信号无法控制机械臂。此模式一般适用于只有一台机械臂的工作状况。

2）联动模式。机械臂可通过联动模式 I/O 接口与外部一台或多台设备（机械臂等）通信。此模式一般适用于多台机械臂之间进行协同运动。

（2）联动模式程序的相关设置

1）在示教器上选择【默认工程】，如图 2-4-19 所示。

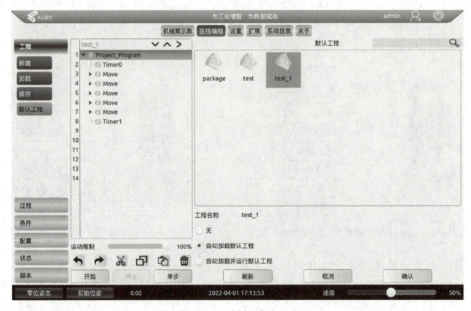

图 2-4-19　添加默认工程

2）依次单击【设置】→【机械臂】→【安全配置】，勾选【非停止状态下使能力控】并保存，如图 2-4-20 所示。

3）通过外部 I/O 信号对机器人进行联动控制。

项目2　智能协作机器人示教操作

图 2-4-20　安全配置

2.4.3　用户 I/O 应用

1. 数字输入端连线

控制柜上的通用数字输入端（后面以"DI 端"表示数字输入端）都是以 NPN 的方式工作，即 DI 端与地导通可触发动作，DI 端与地断开则不触发动作。DI 端可以读取开关按钮、传感器、PLC 或者其他 AUBO 机器人的动作信号。

（1）DI 端连接按钮开关　DI 端可以通过一个常开按钮连接到地（GND）。当按钮按下时，DI 端和 GND 导通，触发动作。当按钮没有按下时，DI 端和 GND 断开，则不触发动作，如图 2-4-21 所示。

（2）DI 端连接二端传感器　DI 端和 GND 之间连有一个传感器，当传感器工作时，OUT 端和 GND 端电压差很小，也可触发动作；当传感器不工作时，回路断开，不触发动作。其中，单个 DI 端输入电压最小值为 0，最大值为 24V，如图 2-4-22 所示。

2. 数字输出端连线

控制柜上的通用数字输出端（后面以"DO 端"表示数字输出端）都是以 NPN 的形式工作。DO 端的工作方式如图 2-4-23 所示。当给定逻辑"1"时，DO 端和 GND 导通；当给定逻辑"0"时，DO 端和 GND 断开。DO 端可以直接和负载相连，也可以和 PLC 或者其他机器人通信。DO 端接负载如图 2-4-24 所示。

用户 I/O 应用

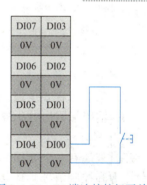

图 2-4-21　DI 端连接按钮开关

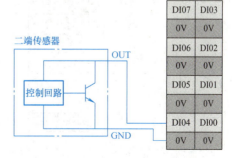

图 2-4-22　DI 端连接二端传感器

3. 模拟输入端连线

控制柜上有 2 个模拟电压输入接口，输入电压范围为 0 ~ 10V，如图 2-4-25 所示。

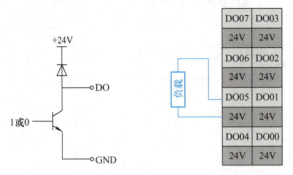

图 2-4-23　DO 端工作方式　　图 2-4-24　DO 端接负载　　图 2-4-25　模拟输入端

外部传感器接线方法如图 2-4-26 所示，其中模拟输入端的电气参数见表 2-4-4。

表 2-4-4　模拟输入端的电气参数

参数项	最小值	最大值
输入电压/V	0	+10
输入电阻/Ω	100k	
模拟输入采样分辨率/BETS	12	
模拟输入采样精度/BETS	10	

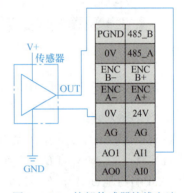

图 2-4-26　外部传感器接线方法

4. 模拟输出端连线

控制柜上包含 2 个模拟电压输出端。模拟电压输出的接线方法如图 2-4-27 所示，其中单个模拟输出端输出电压最小值为 0，最大值为 10V。

5. 工具末端连线

工具末端有一个 8 引脚小型连接器，可为机器人末端使用的特定工具（如夹持器等）提供电源和控制信号，其电气误差在 ±10% 左右。连接器线序如图 2-4-28 所示。

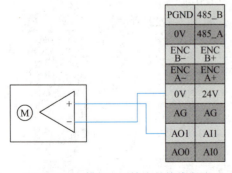

图 2-4-27　模拟电压输出的接线方法

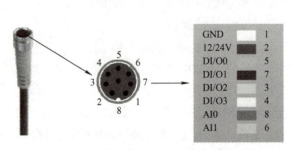

图 2-4-28　连接器线序

电缆选用 8 芯工业电缆，内部 8 条不同颜色的线分别代表不同的功能。电缆线序定义见表 2-4-5，其中电压输入模拟量 AI0 和电压输入模拟量 AI1 最小电压均为 0V，最大电压均为 10V。

表 2-4-5 电缆线序定义

颜色	信号	引脚	颜色	信号	引脚
白色	GND	1	绿色	DI/O2	3
棕色	12/24V	2	黄色	DI/O3	4
灰色	DI/O0	5	红色	AI0	8
蓝色	DI/O1	7	粉色	AI1	6

6. I/O 查看与输出操作

（1）查看 I/O 状态

1）连接物料检测开关到机器人输入接口 DI1，该物料检测开关是一个光电开关，有三根接线，分别为电源正极、电源负极和信号线。

2）用物体挡住和移开物体，使光电开关作用。

3）在示教器上信号检测窗口查看 I/O 状态。

4）依次单击【设置】→【I/O 状态】→【用户 I/O】，查看【U_DI_01】后面的状态指示，绿色点亮为有信号输入，若指示灯为灰色，则表示光电开关无作用，即未检测到物料状态，如图 2-4-29 所示。

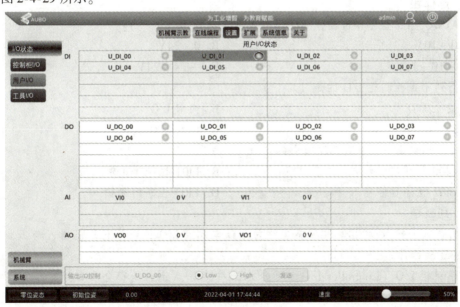

图 2-4-29 查看 I/O 状态

（2）I/O 手动输出

1）将电磁阀以 NPN 方式接到机器人输出接口 U_DO_00。

2）依次单击【设置】→【I/O 状态】→【用户 I/O】，选中【U_DO_00】，选择【High】，单击【发送】，即可强制 DO_00 接口输出，指示灯变为绿色，完成输出，如图 2-4-30 所示。

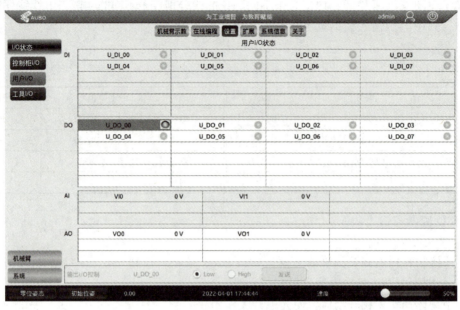

图 2-4-30　I/O 手动输出

任务测评

一、选择题

1. AUBO－E5 型协作机器人 AO 的电压输出范围为（　　）。

   A. 0～10V B. 0～24V

   C. －10～10V D. －24～24V

2. 下列不是控制柜 I/O 的是（　　）。

   A. 安全 I/O B. 内部 I/O

   C. 工具 I/O D. 联动 I/O

3. 关于联动 I/O，下列表述错误的是（　　）。

   A. LI00 程序启动输入 B. LI01 程序停止输入

   C. LI02 程序暂停输入 D. LI03 程序删除输入

二、判断题

1. 机器人的输入/输出单元通常也称为 I/O 单元或 I/O 模块，它是机器人与工业生产现场之间的连接部件。（　　）

2. 控制柜 I/O（Controller I/O）可分为三种接口，分别是安全 I/O、内部 I/O 和联动 I/O。（　　）

3. AUBO－E5 型协作机器人的通用数字 I/O 共有 8 路输入和 8 路输出，可用于直接驱动继电器等设备。（　　）

4. AUBO－E5 型协作机器人所有的安全 I/O 均为双通道，保持冗余配置可确保单一故障不会导致安全功能失效。（　　）

5. AUBO－E5 型协作机器人 AO 的电压输出范围为 0～24V。（　　）

项目3

智能协作机器人在线编程

学习目标

- 掌握新工程管理与程序调试的操作方法；
- 掌握拖动示教的操作方法，如点位示教、轨迹编辑、轨迹再现等；
- 掌握基础条件指令的用法，如Set、Loop等指令的使用方法；
- 掌握基本的轴动、直线、圆弧、圆周的使用方法；
- 能够利用相对偏移、坐标系、提前到位距离/时间、提前到位交融半径等完成复杂轨迹编程。

小故事

高铁焊接大师——李万君

他从一名普通焊工成长为中国高铁焊接专家，是"中国第一代高铁工人"中的杰出代表，是高铁战线的"杰出工匠"，被誉为"工人院士""高铁焊接大师"，他就是李万君。为了在外国对中国高铁技术封锁面前实现"技术突围"，他凭着一股不服输的钻劲儿、韧劲儿，积极参与填补国内空白的几十种高速车、铁路客车、城铁车转向架焊接规范及操作方法，先后进行技术攻关100余项，其中21项获国家专利，"氩弧半自动管管焊操作法"填补了中国氩弧焊焊接转向架环口的空白。专家组以他的试验数据为重要参考编制了《超高速转向架焊接规范》。他研究探索出的"环口焊接七步操作法"成为公司技术标准。依托"李万君大师工作室"，他先后组织培训近160场，为公司培训焊工1万多人次，创造了400余名新工提前半年全部考取国际焊工资质证书的"培训奇迹"，培养带动出一批技能精湛、职业操守优良的技能人才，为打造"大国工匠"储备了坚实的新生力量。

任务 3.1　程序管理

任务描述

工程程序/过程是智能协作机器人能够自动完成作业的基础条件，通过本任务的学习，能完成工程/过程程序的新建、删除、调用和保存，路点的示教及程序的运行、暂停和停止。

任务目标

1) 会熟练进行工程/过程程序的新建、删除、调用和保存等操作；
2) 会熟练进行路点的示教操作；
3) 能熟练进行程序的运行、暂停和停止等操作。

任务实施

3.1.1　程序文件管理

1. 新建工程/过程程序

1）将示教器界面切换到在线编程界面，新建工程程序。依次单击【在线编程】→【工程】→【新建】，新建工程界面如图 3-1-1 所示。

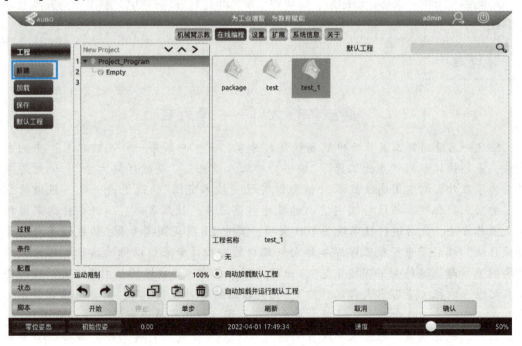

图 3-1-1　新建工程界面

2）新建工程名默认为【Project_Program】，可单击文本框，通过弹出的小键盘重新命名，工程名（昵称）不支持中文格式，如图 3-1-2 所示。

项目3　智能协作机器人在线编程

图 3-1-2　工程重命名

3）将示教器界面切换到在线编程界面，新建过程程序。依次单击【在线编程】→【过程】→【新建】，新建过程界面如图 3-1-3 所示。

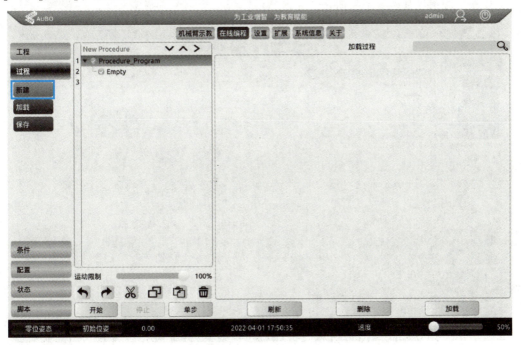

图 3-1-3　新建过程界面

4）新建过程名默认为【Procedure_Program】，可单击文本框，通过弹出的小键盘进行重新命名，过程名（昵称）不支持中文格式，如图 3-1-4 所示。

图 3-1-4　过程重命名

2. 保存工程/过程程序

1）将示教器界面切换到在线编程界面，依次单击【在线编程】→【工程】→【保存】，保存工程界面如图 3-1-5 所示。

图 3-1-5　保存工程界面

2）自定义工程名称，单击【保存】，在弹出的对话框中单击【OK】，完成工程保存，如图 3-1-6 所示。

项目3　智能协作机器人在线编程

图 3-1-6　工程保存

3）将示教器界面切换到在线编程界面，依次单击【在线编程】→【过程】→【保存】，保存过程界面如图 3-1-7 所示。

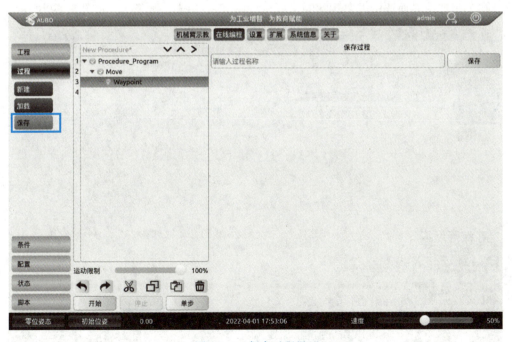

图 3-1-7　保存过程界面

4）自定义过程名称，单击【保存】，在弹出的对话框中单击【OK】，完成过程保存，如图 3-1-8 所示。

83

图 3-1-8　过程保存

3. 删除工程/过程程序

1）将示教器界面切换到在线编程界面，依次单击【在线编程】→【工程】→【加载】，在工程加载界面选中需要删除的工程/过程程序，单击【删除】，如图 3-1-9 所示。

图 3-1-9　删除工程/过程程序界面

2）在弹出的对话框中单击【Yes】，删除工程/过程程序，如图 3-1-10 所示。

项目3　智能协作机器人在线编程

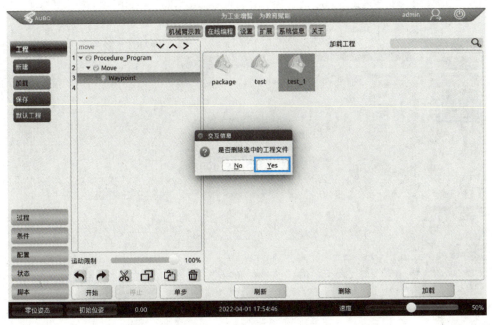

图 3-1-10　删除工程/过程

4. 加载工程/过程程序

1）依次单击【在线编程】→【工程】→【加载】，进入加载程序界面，找到目标程序，单击【加载】。程序逻辑列表中会载入打开的程序，如图 3-1-11 所示。

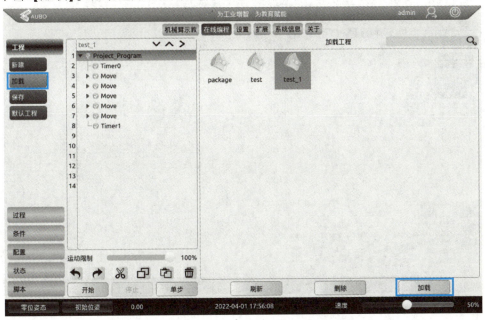

图 3-1-11　加载工程界面

2）除了加载工程，还可以设置默认工程，默认工程开机将自动加载。依次单击【工程】→【默认工程】。在右侧窗口选择需要默认加载的工程文件，单击【确认】，在弹出的对话框中单击【OK】，完成设置，如图 3-1-12 所示。

85

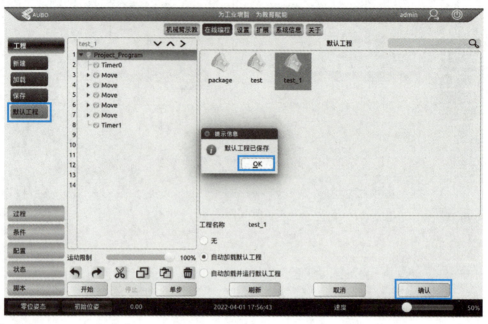

图 3-1-12　设置默认工程界面

3）依次单击【过程】→【加载】，找到目标过程程序，单击【加载】。程序逻辑列表中会载入打开的过程程序，如图 3-1-13 所示。

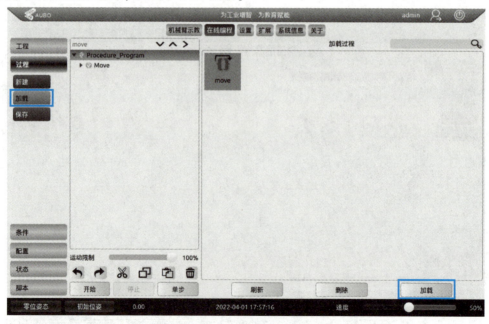

图 3-1-13　加载过程界面

5. 调用过程程序

1）单击【条件】→【高级条件】→【Procedure】，调用过程界面如图 3-1-14 所示。

2）单击左侧程序逻辑列表的【Procedure Undefined】语句，在右侧窗口中选择需要调用的过程条件，单击【确认】，在弹出的对话框中单击【OK】，完成过程程序调用，如图 3-1-15 所示。

项目3 智能协作机器人在线编程

图 3-1-14 调用过程界面

图 3-1-15 程序调用

注意：过程程序不仅可以被工程程序调用，也可以被其他过程程序调用，但是工程程序不能调用工程程序。

3.1.2 新建第一个程序

1. 新建工程

1）单击【在线编程】，进入示教器在线编程界面。

2）单击【工程】→【新建】，创建新的工程，如图 3-1-16 所示。

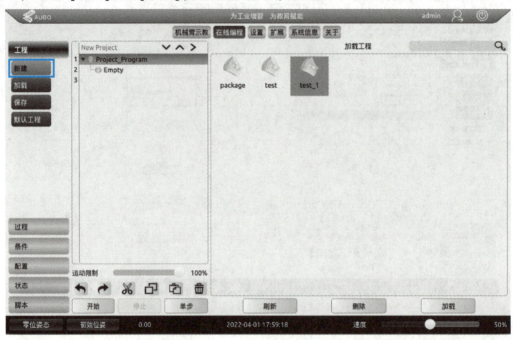

图 3-1-16　新建工程

2. 插入 Move 指令

1）单击【Empty】，进入基础条件界面，如图 3-1-17 所示。

图 3-1-17　基础条件界面

2）单击【Move】，插入移动指令。

3）单击【Move Undefined】，进入 Move 条件界面，设置运动方式为【轴动】，设置运动速度及加速度。

4）单击【确认】，完成轴动运动的指令设置，如图 3-1-18 所示。

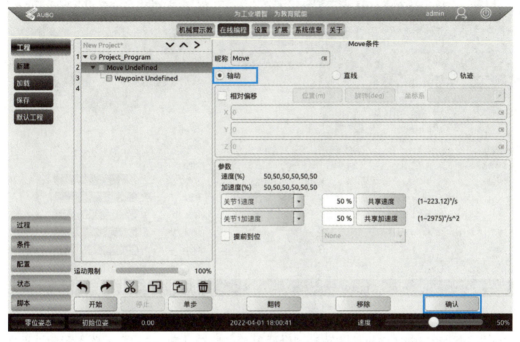

图 3-1-18　轴动运动指令设置界面

5）单击【Waypoint Undefined】，进入路点设置界面，如图 3-1-19 所示。

图 3-1-19　路点设置界面

6）单击【设置路点】，进入路点示教界面，如图 3-1-20 所示。

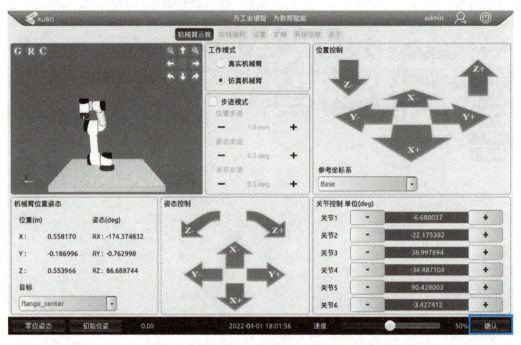

图 3-1-20　路点示教界面

7）通过运动控制，将机器人移动到合适位置，单击【确认】，完成路点示教，返回路点设置界面。

8）单击路点设置界面下的【确认】，完成轴动运动编程。

3. 插入循环指令

1）在【基础条件】下插入【Loop】指令。

2）单击【Loop Undefined】，在 Loop 条件界面中单击【确认】，完成 Loop 条件设置，如图 3-1-21 所示。

4. 重复第 2 步操作

在 Loop 内插入两条 Move 指令，如图 3-1-22 所示。

注意：通过手动操作移动机器人时应注意两路点之间不要有障碍物，避免程序运行时发生碰撞，造成设备损坏。

5. 保存程序

单击【工程】→【保存】，输入工程名称为"ceshi"，单击【保存】，在弹出的【提示信息】对话框中单击【OK】，完成工程程序的保存，如图 3-1-23 所示。

3.1.3　程序调试

1. 程序运行

1）将示教器切换到在线编程界面，选择需要运行的程序，单击【加载】，如图 3-1-24 所示。

项目3 智能协作机器人在线编程

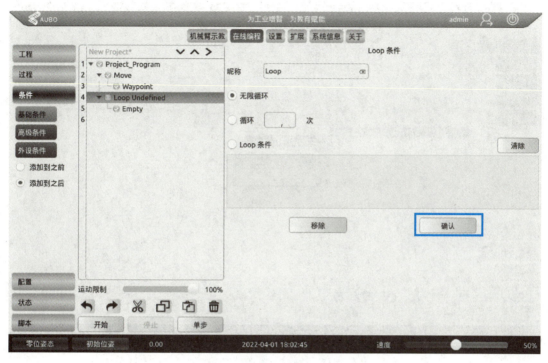

图 3-1-21　Loop 条件界面

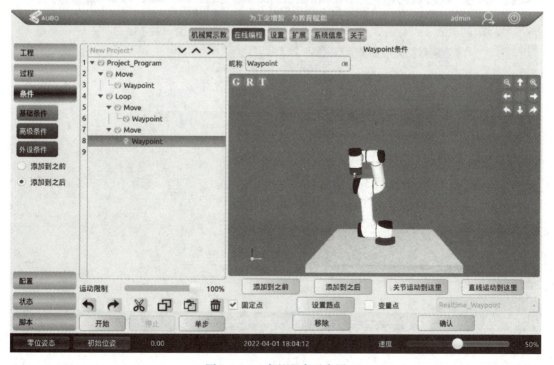

图 3-1-22　完整程序示意图

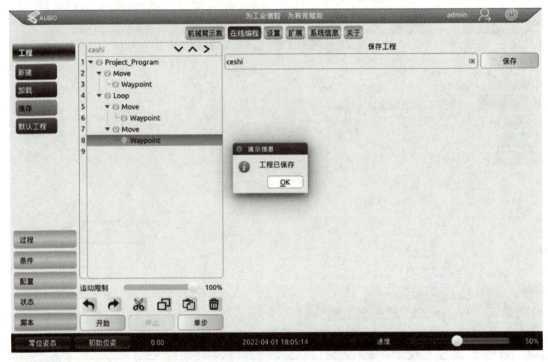

图 3-1-23　保存程序

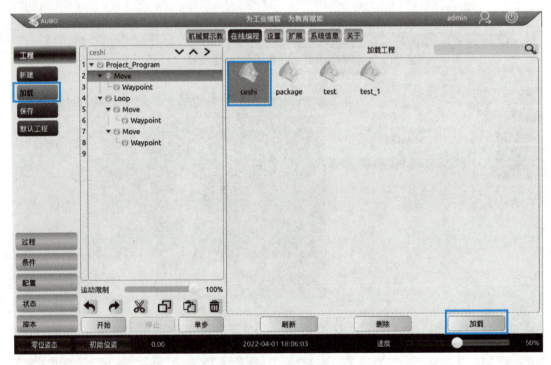

图 3-1-24　加载程序界面

2）按住【运动限制】滑块，调整合适的运行速度，单击【开始】，进入程序运行界面，如图 3-1-25 所示。

项目3 智能协作机器人在线编程

图 3-1-25 程序运行界面

3）按住【自动移动】按钮，移动机器人到程序第一个移动路点，直至【Cancel】变成【OK】，松开【自动移动】按钮，如图 3-1-26 所示，单击【开始】，程序开始运行，如图 3-1-27 所示。

图 3-1-26 自动移动

93

图 3-1-27　程序运行

2. 程序暂停/继续/停止

1）当程序处于运行状态时，单击【暂停】，机器人停止在当前运行路点，此时【暂停】按钮显示为【继续】，如图 3-1-28 和图 3-1-29 所示。

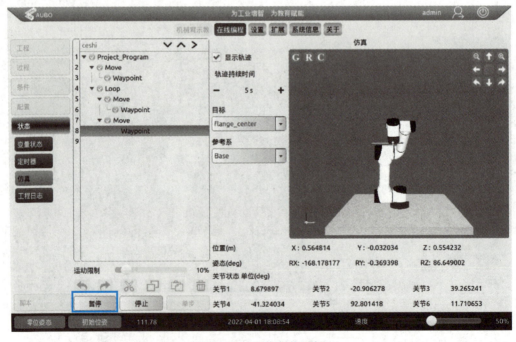

图 3-1-28　程序暂停运行

项目3　智能协作机器人在线编程

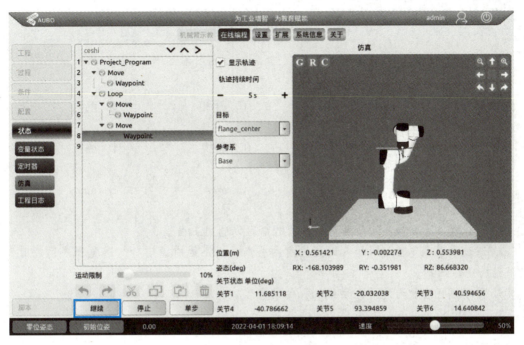

图 3-1-29　程序继续运行

2）当程序处于暂停状态时，单击【继续】，机器人恢复运行，从当前运行路点继续往下执行程序，如图 3-1-29 所示。

3）当程序处于暂停或运行状态时，单击【停止】，机器人立即停止运行，如图 3-1-30 所示。

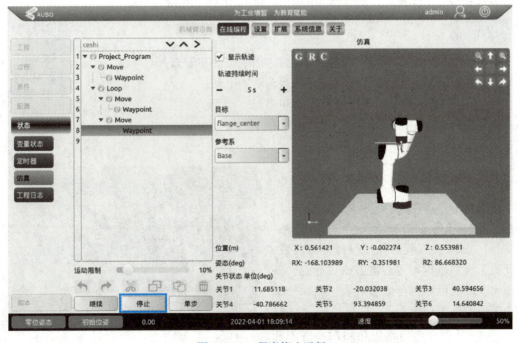

图 3-1-30　程序停止运行

任 务 测 评

一、选择题

1. 下面不属于程序管理的选项是（   ）。
   A. 新建   B. 修改   C. 加载   D. 默认工程
2. 下面不属于在线编程控制按钮的是（   ）。
   A. 开始   B. 暂停   C. 继续   D. 跳转
3. 显示机器人本体的实时运行速度的单位是（   ）。
   A. mm/s   B. cm/s   C. m/s   D. nm/s

二、判断题

1. 过程程序可以调用过程程序，工程程序可以调用工程程序。（   ）
2. 通过手动操作移动机器人时应注意两路点之间不要有障碍物，避免程序运行时发生碰撞造成设备损坏。（   ）
3. 程序运行速度通过【运动限制】滑块调整。（   ）
4. 使用【Procedure】指令调用过程程序。（   ）

任务 3.2　拖动示教编程

任务描述

拖动示教是智能协作机器人与传统工业机器人的主要区别之一，本任务主要练习以拖动方式示教移动点位操作，掌握焊接拖动示教、轨迹编辑和轨迹再现。

任务目标

1）能熟练使用拖动示教，使机器人到达指定位置和姿态；
2）会熟练使用拖动示教编程，完成运动轨迹记录；
3）能对已记录的运动轨迹进行编辑和再现。

拖动示教

任务实施

3.2.1　了解拖动示教

拖动示教是指拖动机器人末端执行器（安装于机器人末端的夹持器、工具、焊枪、喷枪等），或由人工操作拖拽机械模拟装置，实现人工规划机器人运动轨迹或目标点，并将该轨迹或目标点进行记录再现，从而使机器人完成预期的动作。

图3-2-1 所示为智能协作机器人喷涂作业轨迹拖动示教。

图 3-2-1　协作机器人喷涂轨迹拖动示教

3.2.2 路点拖动示教

1) 将示教器切换到在线编程界面,新建工程/过程程序,依次单击【条件】→【基础条件】,添加【Move】指令,如图 3-2-2 所示。

图 3-2-2 添加【Move】指令

2) 单击【Move Undefined】进入 Move 条件界面,完成移动指令参数配置,单击【确认】,如图 3-2-3 所示。

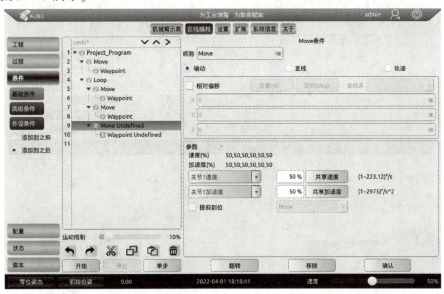

图 3-2-3 Move 条件界面

3) 单击【Waypoint Undefined】,进入路点设置界面,单击【设置路点】,跳转到机器人手动操作界面,如图 3-2-4 和图 3-2-5 所示。

4) 按住示教器上的【力控】按钮进入力控模式,拖动机器人末端移动到需要到达的位

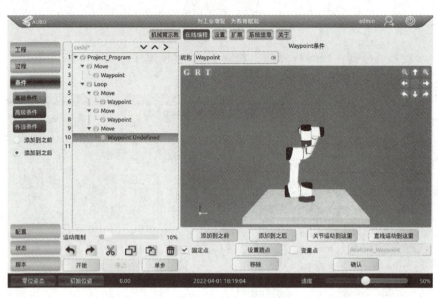

图 3-2-4 路点设置界面

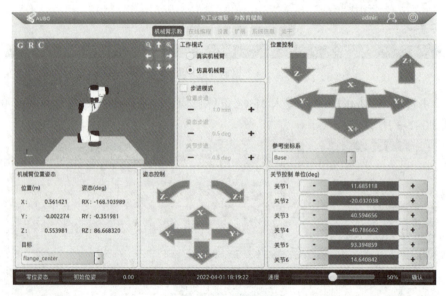

图 3-2-5 手动操作界面

置，松开【力控】按钮，如图 3-2-6 和图 3-2-7 所示。

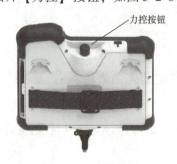

图 3-2-6 力控按钮

图 3-2-7 拖动机器人示教路点

5）单击【确认】，完成路点示教，如图 3-2-8 和图 3-2-9 所示。

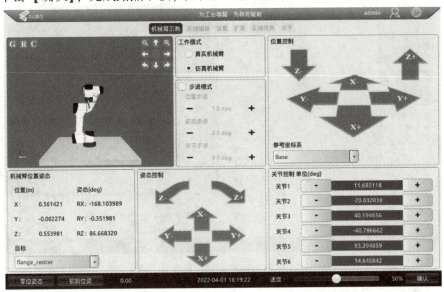

图 3-2-8　路点示教

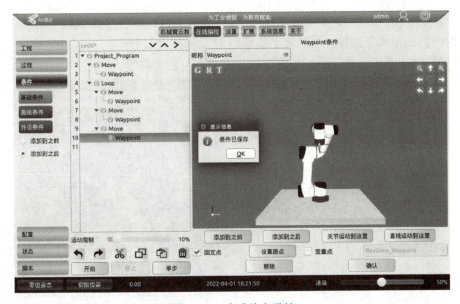

图 3-2-9　完成路点示教

3.2.3　焊接拖动示教

1. 拖动示教

1）将机器人运行到一个方便拖动的姿态，并新建一个空工程。依次单击【在线编程】→【配置】→【记录轨迹】，如图 3-2-10 所示。

2）单击【开始】后，按下力控按钮，此时机械臂处于可拖动状态，可由另一人拖动想要运行的轨迹，轨迹完成后松开力控按钮，并单击【完成】，停止轨迹记录，力控按钮

图 3-2-10 新建轨迹界面

如图 3-2-6 所示。

2. 拖动轨迹编辑

轨迹名称输入"test"并单击【保存】,选中轨迹文件,单击【加载】。可以通过单击下方的【运行】按钮检查路径。若轨迹开始和结尾处存在无效时间,可通过【剪切头部】和【剪切尾部】进行路径裁剪,剪切位置以运行点所在位置为参考,如图 3-2-11 所示。

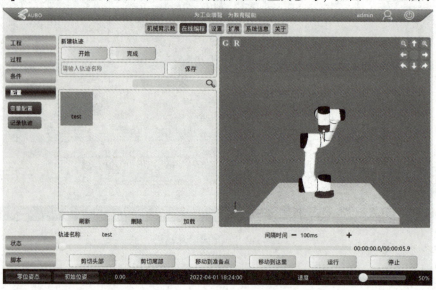

图 3-2-11 拖动轨迹编辑

3. 拖动轨迹再现

轨迹编辑完成后,单击【工程】,找到之前创建的工程文件,在【高级条件】下选择【Record Track】指令,编辑指令属性,选择创建的"test"轨迹文件,单击【确认】,保存工程并运行,如图 3-2-12 和图 3-2-13 所示。

项目3 智能协作机器人在线编程

图 3-2-12　选择【Record Track】指令

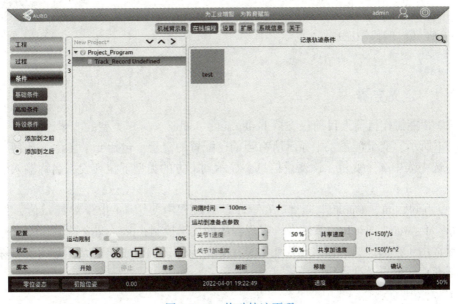

图 3-2-13　拖动轨迹再现

任 务 测 评

一、选择题

1. 轨迹记录在在线编程的（　　）选项。
A. 配置　　　　　　B. 脚本　　　　　　C. 工程　　　　　　D. 条件

2. 轨迹记录时需要按压（　　）按钮。
A. 紧急停止　　　　B. 使能　　　　　　C. 力控　　　　　　D. 电源

3. 轨迹记录中的间隔时间调整的是（　　）。

101

A. 轨迹采样频率　　B. 轨迹运行速度　　C. 轨迹运行方式　　D. 轨迹运行时间

二、判断题

1. 进行拖动示教时需要按压力控按钮至【ON】位置。　　　　　　　　（　　）
2. 力控按钮属于三位置开关。　　　　　　　　　　　　　　　　　　（　　）
3. 轨迹记录可以改变整体的速度和加速度。　　　　　　　　　　　　（　　）
4. 轨迹记录后不可以对其进行编辑。　　　　　　　　　　　　　　　（　　）
5. 使用【Record Track】指令调用记录的轨迹。　　　　　　　　　　（　　）

任务 3.3　变量配置

▶任务描述

变量是机器人程序中重要的组成部分，如工件计数，数据量计算等。通过学习本任务，熟悉变量的定义及分类、掌握配置变量的方法和变量应用方式及方法。

▶任务目标

1）能掌握智能协作机器人支持的变量类型及其配置方法；
2）能根据程序需要配置适用的变量；
3）掌握变量的典型应用。

变量配置

▶任务实施

3.3.1　定义变量

AUBO 智能协作机器人目前仅支持 bool、int、double、pose 类型的变量。如图 3-1-1 所示，变量配置表中显示所有当前已配置的变量，包括变量名称、类型，全局保持和值。选中表中某个变量，该变量信息会显示到下方的类型下拉列表、名称输入框和值选项中。

其中，bool、int、double 型变量可在程序运行过程中使用 set 指令对其赋值，其值一般用于 loop、if、wait、switch 的条件中，实现程序的逻辑控制；pose 型变量记录的是一个位置信息，通常用于存储一些机器人程序中经常用到的点位，如程序准备点、搬运、码垛过程中的抓取基准点、放置基准点等。

1. bool 型变量

定义一个布尔（bool）型变量，其变量值为 true 或 false，在变量值后单元格内输入赋值，如图 3-3-1 所示。

2. int 型变量

定义一个整型（int）型变量，其变量值为整数，在变量值后单元格内输入赋值，如图 3-3-1 所示。

3. double 型变量

定义一个双精度（double）型变量，其变量值为双精度浮点数，在变量值后单元格内输入赋值，如图 3-3-1 所示。

项目3　智能协作机器人在线编程

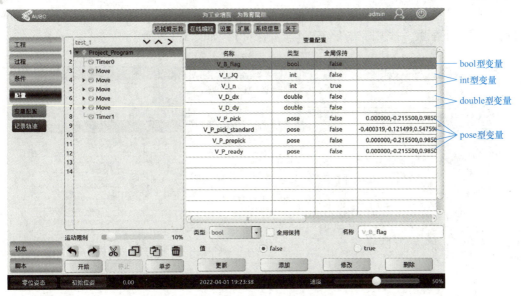

图 3-3-1　定义变量

4. pose 型变量

定义一个位置（pose）型变量，其变量值为机器人路点信息，pose 型变量的表示形式为 3 组（共 13 位）数据，其中前 3 位为位置参数，单位为 m；中间 4 位为姿态参数，以四元数方式显示，单位为 rad；后 6 位为 6 个关节参数，单位为 rad，如图 3-3-1 所示。

3.3.2　进行变量配置

1. bool、int、double 型变量配置

1）进入在线编程界面，依次单击【配置】→【变量配置】，进入变量配置界面，如图 3-3-2 所示。

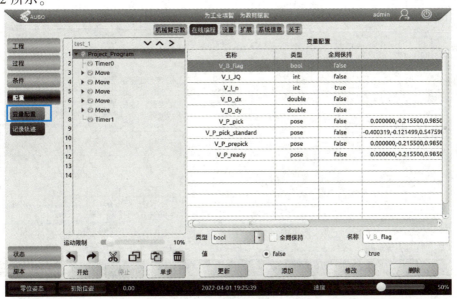

图 3-3-2　变量配置界面

103

2）单击【类型】下拉菜单，依次选择除 pose 型外的其他三种类型（bool、int、double）变量，完成以下配置。按实际需要勾选【全局保持】，如图 3-3-3 所示。

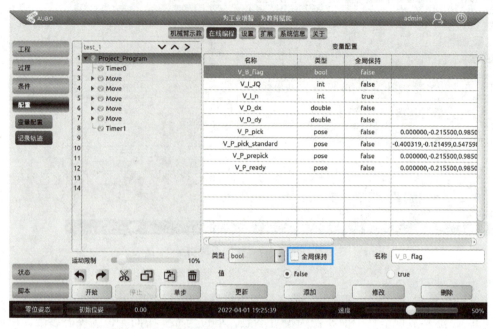

图 3-3-3　选择变量类型

3）单击【名称】输入框，自定义变量名称，单击【添加】，完成变量配置，如图 3-3-4 所示。

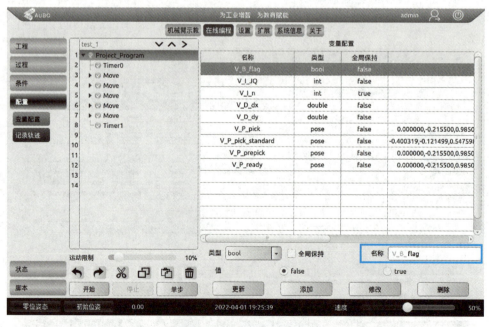

图 3-3-4　选择变量类型

4)根据实际需要更改变量初始参数,单击需要修改的变量,选择【值】输入框,输入参数值,单击【修改】,完成变量值修改,如图 3-3-5 所示。

图 3-3-5　设置变量初始值

2. pose 型变量配置

1)单击【类型】下拉菜单,选择 pose 型变量,按实际需要勾选【全局保持】,如图 3-3-6 所示。

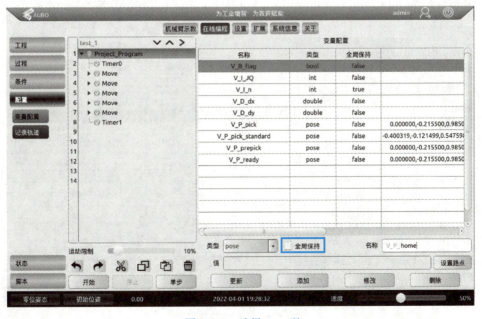

图 3-3-6　选择 pose 型

2）单击【名称】输入框，自定义变量名称，单击【设置路点】，进入手动操作机器人界面，如图 3-3-7 所示。

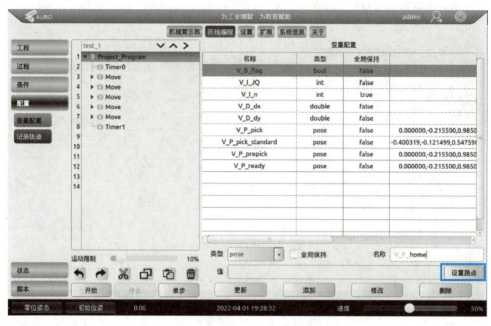

图 3-3-7　设置变量名称

3）移动机器人到实际需要到达的位置，单击【确定】，跳转回变量配置界面，单击【添加】完成 pose 型变量配置，如图 3-3-8 所示。

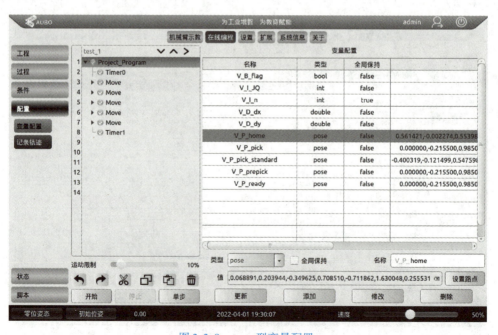

图 3-3-8　pose 型变量配置

3.3.3 变量应用

1. bool、int、double 型变量应用

1）加载需要编辑的程序文件，选中需要添加变量的程序指令，依次单击【条件】→【基础条件】，进入基础条件界面，单击【Set】，添加输出指令，如图 3-3-9 所示。

图 3-3-9　添加 Set 指令

2）在程序逻辑列表中单击新加的 Set 指令进入参数配置界面，勾选【变量】，参数值根据变量类型和实际需要设置，如图 3-3-10 所示。

图 3-3-10　参数配置

2. pose 型变量应用

1)加载需要编辑的程序文件,选中需要添加变量的程序指令,依次单击【条件】→【基础条件】,进入基础条件界面,单击【Move】,添加移动指令,如图 3-3-11 所示。

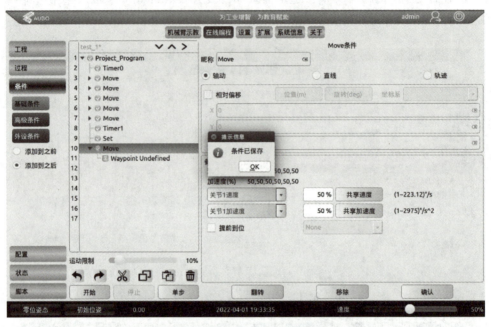

图 3-3-11　添加 Move 指令

2)单击【Waypoint Undefined】,勾选【变量点】,单击变量点对话框下拉菜单,选择对应的变量点名称,单击【确认】,完成变量点调用,如图 3-3-12 所示。

图 3-3-12　pose 型变量调用

任务测评

一、选择题

1. 变量在在线编程的（　　）选项。
   A. 配置　　　　　　B. 脚本　　　　　　C. 工程　　　　　　D. 条件

2. （　　）变量类型不属于可设置类型。
   A. bool　　　　　　B. int　　　　　　C. double　　　　　　D. vector

3. pose 型变量数据不包含（　　）。
   A. 位置参数　　　　B. 姿态参数　　　　C. 关节参数　　　　D. 工具参数

二、判断题

1. int 型变量值为双精度浮点数。　　　　　　　　　　　　　　　　　　　　（　　）
2. 使用 Set 指令可以在程序中修改 bool、int、double 型变量的值。　　　（　　）
3. 变量配置时，勾选【全局保持】，程序停止后，变量值保持程序最后一次的赋值结果。　　　　　　　　　　　　　　　　　　　　　　　　　　　　　　　　（　　）
4. pose 型变量的表示形式为 3 组（共 13 位）数据，其中前 3 位为位置参数，单位为 m；中间 4 位为姿态参数，以四元数方式显示，单位为 rad；后 6 位为 6 个关节参数，单位为 rad。　　　　　　　　　　　　　　　　　　　　　　　　　　　　　　　　（　　）
5. pose 型变量可以使用 Set 指令修改变量的值。　　　　　　　　　　　　（　　）

任务 3.4　基础编程

▶ 任务描述

通过本任务的学习，掌握基础条件指令的使用方法；掌握焊接轨迹模拟方法；掌握相对偏移、提前到位距离/时间、提前到位交融半径使用方法。

▶ 任务目标

1）能熟练使用基础条件指令；
2）能完成常规运动控制编程。

▶ 任务实施

3.4.1　学习基础条件指令

1. Move 指令

Move（移动）指令用于机器人末端工具中心点在路点间的移动操作。操作人员在程序列表里新增一个 Move 节点，该节点下面含有一个 Waypoint 路点，如图 3-4-1 所示。

（1）运动模式

机械臂有轴动、直线和轨迹 3 种运动。

图 3-4-1　新增 Move 指令显示状态

1）轴动：各个关节以最快的速度同步达到目标的路点（Waypoint），而不考虑 TCP 移动路径。如果希望机器人手臂在路点之间能够快速移动，而不用考虑 TCP 在这些路点之间的移动路径，则可考虑轴动运动。其运动轨迹如图 3-4-2 所示。

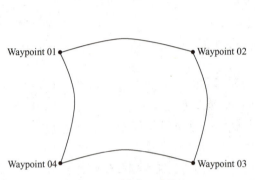

图 3-4-2 轴动运动轨迹

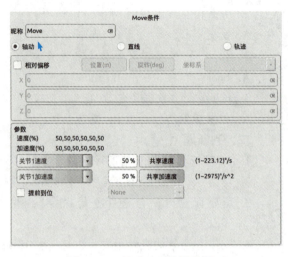

图 3-4-3 轴动运动的操作界面

分别设置关节 1~6 的速度和加速度百分比，单击【共享速度】和【共享加速度】，将当前轴的速度和加速度复制给其他关节，如图 3-4-3 所示。

2）直线：直线运动模式下 TCP 在路点之间线性移动。这意味着每个关节都会执行更为复杂的移动，以使 TCP 保持在直线路径上，直线运动轨迹如图 3-4-4 所示。需设置的参数包括末端线性速度和末端线性加速度，单位分别为 mm/s 和 mm/s^2，如图 3-4-5 所示。

3）轨迹：对于多个路点的运动轨迹，运行过程中相应的关节空间和笛卡儿空间运行速度、加速度连续，始末路点速度为零。在轨迹运动模式下，每个 Move 条件下需要至少三个路点（理论没有上限）。

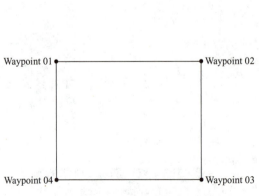

图 3-4-4 直线运动轨迹

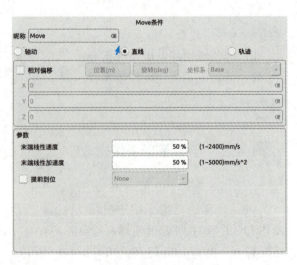

图 3-4-5 直线运动的操作界面

① 圆弧运动。三点法确定圆弧，并按照顺序进行从起始路点运动至结束路点，属于笛卡儿空间轨迹规划，如图 3-4-6 所示。姿态变化仅受始末点影响。最大速度和加速度意义同直线运动。当轨迹类型选择【Arc】时，为圆弧运动，如图 3-4-7 所示。

图 3-4-6　圆弧运动轨迹　　　　　　　图 3-4-7　圆弧运动操作界面

② 圆周运动。与圆弧运动相似，三点法确定整圆轨迹及运动方向，完成整个圆周运动后回到起点。其轨迹如图 3-4-8 所示。运动过程中保持起始点姿态不变。最大速度和加速度意义同直线运动。当轨迹类型选择【Cir】且循环次数大于 0 时，为圆周运动，如图 3-4-9 所示。

图 3-4-8　圆周运动轨迹　　　　　　　图 3-4-9　圆周运动操作界面

注意：如需使用带有姿态的圆弧运动及带有姿态的圆周运动，机械臂关节 6 需支持 ±360°旋转。

③ 圆弧平滑过渡。相邻两段直线在设置的交融半径处用圆弧平滑过渡，其轨迹如图 3-4-10 所示。运行过程中的姿态变化仅受始末点影响。末端线性速度和末端线性加速度意义同直线运动，当轨迹类型选择【MoveP】时为圆弧平滑过渡，如图 3-4-11 所示。

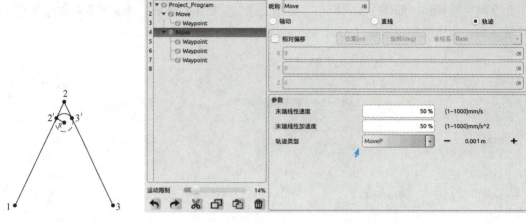

图 3-4-10　圆弧平滑过渡轨迹　　　　图 3-4-11　圆弧平滑过渡操作界面

④ B 样条曲线。B 样条曲线为一条平滑的、经过所有给定路点的曲线。生成拟合曲线所使用的路点越多，拟合出的曲线离预期越接近。需注意曲线的始末点不能闭合。当轨迹类型选择【B_Spline】时为 B 样条曲线，如图 3-4-12 和图 3-4-13 所示。

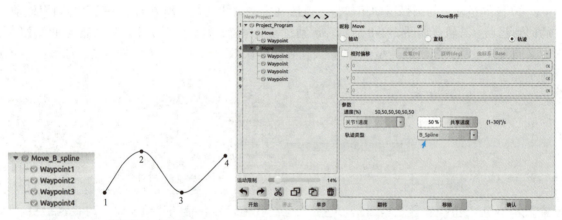

图 3-4-12　B 样条曲线运行轨迹　　　　图 3-4-13　B 样条曲线操作界面

（2）提前到位　按照距离目标的距离、时间或者交融半径选择提前到位，可以提高机械臂工作效率，提前到位类型见表 3-4-1。

表 3-4-1　提前到位类型

类型	特点	使用范围
距离	可根据设置的距离提前到达相应路点	支持轴动
时间	可根据设置的时间提前到达相应路点	支持轴动
交融半径	可根据设置的交融半径提前到达相应路点	支持轴动、直线、圆弧运动、圆周运动、带有姿态的圆弧运动和带有姿态的圆周运动

注意：

① 设置参数以两路点的中间值为限，超过后以中间值为准；

② 交融过程中出现的奇异点或者运动速度太快会导致提前到达设置被取消；
③ 运行时会以用户设置的交融半径值为半径进行圆弧过渡；
④ 在交融半径之外的运动轨迹与未设置提前到位的运动轨迹一致；
⑤ 不建议在工程文件中的第一个 Move 中加入提前到位。

示例：

1）提前到位距离/时间。插入 3 个关节运动（MoveA，MoveB，MoveC），分别设置路点 1、2、3，不设置提前到位，运行轨迹为 1→2→3。

MoveB 勾选提前到位，如图 3-4-14 所示，设置距离或时间后，运行轨迹为 1→2'→3，如图 3-4-15 所示。

图 3-4-14　提前到位距离/时间操作界面　　　　图 3-4-15　提前到位距离/时间运动轨迹

2）提前到位交融半径。插入 3 个直线运动（MoveA，MoveB，MoveC），分别设置路点 1、2、3，不设置提前到位，运行轨迹为 1→2→3。

MoveB 勾选提前到位，如图 3-4-16 所示，设置交融半径后，运行轨迹为 1→2'→3'→3，如图 3-4-17 所示。

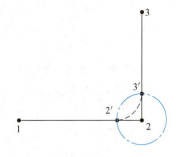

图 3-4-16　提前到位交融半径操作界面　　　　图 3-4-17　提前到位交融半径运动轨迹

(3) 相对位移　用户通过相对于选定坐标系的位置或姿态偏移量对机器人手臂或者末端工具进行运动控制。

在图 3-4-18 所示正方形轨迹中，如果不使用相对位移功能进行编程，则在 A、B、C、D 4 点处都需要示教相应的路点，其程序如图 3-4-19 所示。

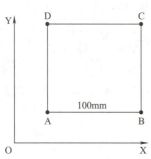
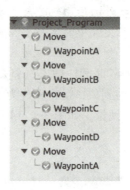

图 3-4-18　正方形轨迹　　　　图 3-4-19　不使用相对位移功能的正方形轨迹程序

使用相对位移进行编程，仅需要设置一个路点，其余路点均可以通过相对位移的方式，在第一个路点的基础上进行偏移而获得。使用相对位移的正方形轨迹程序如图 3-4-20 所示，相对位移设置界面如图 3-4-21 所示。

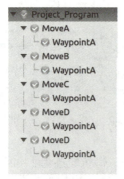
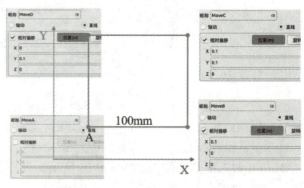

图 3-4-20　使用相对位移的正方形轨迹程序　　　图 3-4-21　相对位移设置界面

2. Waypoint 指令

Waypoint（路点）是 AUBO 机器人程序重要的组成部分，它表示机器人末端将要到达的位置点，通常机器人末端的运动轨迹由两个或多个路点构成，Waypoint 指令界面如图 3-4-22 所示。

1）单击【昵称】右侧输入框可修改指令名称。

2）Waypoint 指令只能添加于 Move 指令后。

3）单击【添加到之前】可在该路点前添加一个新路点。

4）单击【添加到之后】可在该路点

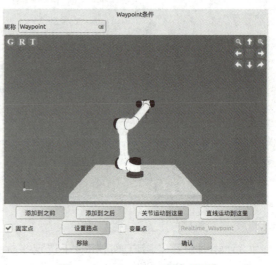

图 3-4-22　Waypoint 指令界面

后添加一个新路点。

5）单击【关节运动到这里】或【直线运行到这里】可让机器人运动到当前选中路点，针对真实机器人有效。

6）单击【移除】可删除此路点。

7）单击【设置路点】，可设置当前选中路点的位置姿态。单击【设置路点】后，界面自动切换为机械臂示教，用户可以移动机器人末端到新路点的位置，然后单击【确认】。

8）单击【确认】保存选中路点状态配置，此时会有弹窗跳出，显示条件已被保存。

9）在 Waypoint 指令界面选择【变量点】，则此路点为变量设置中设置的路点，当变量中的路点更改时，程序中所有的路点均会更改，此功能可以批量更改相同路点参数，节省编程时间。变量点对应变量配置中的类型为 pose 型变量。

3. Set 指令

Set 是设置指令，该指令可以设置 I/O 或者变量等参数，Set 指令界面如图 3-4-23 所示。

1）单击【昵称】右侧的输入框可修改指令的名称。

2）勾选【工具参数】可选择设置过的法兰中心，当机器人切换工具或者机器人载荷发生变化时使用。

3）勾选【碰撞】可选择碰撞等级。

4）勾选【I/O】可设置 DO/AO 的状态，如"Set U_DO_00 Low"。

5）勾选【变量】，在其下拉列表选择一个变量。然后在右侧的输入框中写入一个表达式，从而给选中的变量赋值，表达式的运算遵循 C 语言运算规则，如"Set V_B_flag = true"。

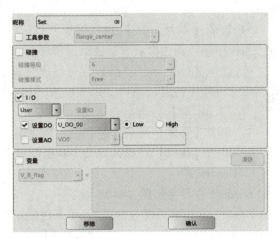

图 3-4-23　Set 指令界面

6）单击【移除】可删除 Set 指令。

7）单击【确认】可保存此指令状态配置。

4. Wait 指令

Wait 是等待指令，用于等待时间、数字信号等，Wait 指令界面如图 3-4-24 所示。

1）单击【昵称】右侧的输入框可修改指令的名称。

2）勾选【等待时间】，时间值可由用户设置。

3）勾选【Wait 条件】，可通过输入表达式来设置等待方式，如等待数字信号（Wait U_DI_00 = =1）、等待变量值（Wait V_B_flag = =true）。

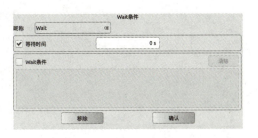

图 3-4-24　Wait 指令界面

4）单击【清除】可清除条件内容。

5）单击【确认】可保存 Wait 指令。

6）单击【移除】可删除 Wait 指令。

5. Loop 指令

Loop 是循环指令，节点包含的程序会循环运行，直到终止条件成立。需要重复的程序代码放在循环指令中。Loop 指令可以配置为无限循环、特定次数循环或表达式为真时循环（如变量或输入信号）。Loop 指令界面如图 3-4-25 所示。

1）单击【昵称】右侧的输入框可修改指令的名称。

2）选择【无限循环】则循环无限重复。

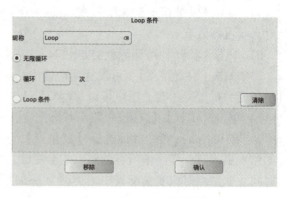

图 3-4-25　Loop 指令界面

3）选择【循环　次】并设置循环次数，当程序循环到达次数后将会退出循环。

4）选择【Loop 条件】并设置循环条件表达式，当表达式成立时程序进入循环；当表达式不成立时程序将退出循环，如"U_DI_00 = = 1""V_B_flag = = true""V_I_count < = 10"。单击【清除】可清空表达式。

5）单击【移除】可从逻辑列表中删除该 Loop 指令及 Loop 节点下的所有指令。

6）单击【确认】可确认此命令状态配置并保存。

6. Break 指令

Break 指令界面如图 3-4-26 所示。

Break 是跳出循环命令，当 Break 条件成立时，程序将跳出循环，如图 3-4-27 和图 3-4-28 所示。

1）单击【昵称】右侧的输入框可修改指令名称。

2）单击【移除】可删除 Break 指令。

3）Break 指令只能用于 Loop 循环中，并且 Break 指令前必须有一条 If 指令。当 If 中的判断条件成立时，运行 Break 指令，程序将跳出循环；否则，页面会弹出错误提示。

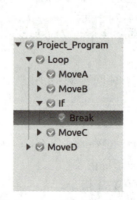

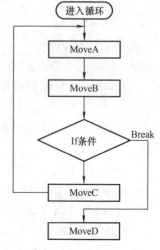

图 3-4-26　Break 指令界面　　图 3-4-27　Break 指令程序　图 3-4-28　Break 指令程序流程

7. Continue 指令

Continue 是结束单次循环指令，当 Continue 条件成立时，程序将结束本次循环。它与 Break 指令的区别在于：Break 指令跳出整个循环后，不会再次进入循环；而 Continue 指令跳出的是单次循环，在下个循环周期，还会再次进入循环之中，如图 3-4-29 和图 3-4-30 所示。

1）单击【昵称】右侧的输入框可修改指令名称。

2）Continue 指令也只能用于 Loop 循环中，并且 Continue 指令前必须有一条 If 指令。当 If 中的判断条件成立时，执行 Continue 指令，跳出本次循环；否则，页面将弹出错误提示。

3）单击【移除】可删除 Continue 命令。

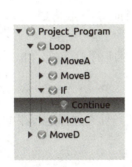

图 3-4-29 Continue 指令程序

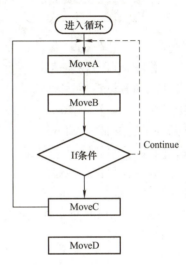

图 3-4-30 Continue 指令程序流程

8. If...Else... 指令

If...Else... 是选择判断指令，通过判断条件来运行不同的程序分支，如图 3-4-31 所示。

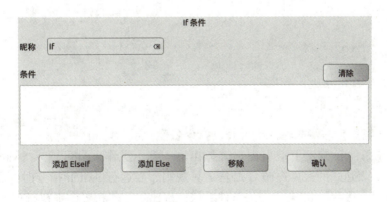

图 3-4-31 If...Else... 指令界面

1）单击【昵称】右侧的输入框可修改指令名称。

2）单击【条件】下的空白窗口，弹出输入框，操作人员可输入 If...Else... 表达式，如图 3-4-32 所示，表达式的运算遵循 C 语言运算规则。当表达式成立时，执行 If 节点包含的程序；若表达式不成立，则执行 Else 或 Else If 节点包含的程序。

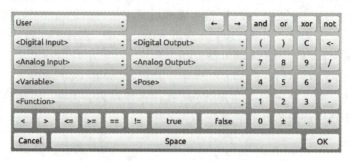

图 3-4-32　If...Else... 表达式输入界面

3）单击【移除】可清除表达式。

4）单击【添加 ElseIf】可添加一个 ElseIf 节点，一个 If 可以添加多个 ElseIf。

5）单击【添加 Else】可添加一个 Else 节点，与当前 If 节点构成一个 If...Else... 组合。一个 If 条件只能添加一个 Else。

6）单击【移除】可删除 If 条件指令，并且与此 If 对应的 ElseIf 及 Else 也会被删除。

7）单击【确认】可保存状态配置。

9. Switch...Case...Default 指令

Switch...Case...Default 是条件选择指令，通过判断条件来选择运行不同的 Case 程序分支，如图 3-4-33 所示。

图 3-4-33　Switch...Case...Default 指令界面

1）单击【昵称】右侧的输入框可修改指令名称。

2）单击【条件】按钮下空白窗口，弹出输入框，操作人员可输入 Switch...Case...Default 表达式，表达式的运算遵循 C 语言运算规则。当运行 Switch 指令时，程序会首先计算表达式的数值，然后与 Case 语句的条件数值依次比较，若相等，则执行该 Case 对应的程序段；若没有满足条件的 Case 数值，则执行 Default 对应的程序段。

3）判断真伪只能用 true 和 false，不能用 1 和 0 代替。

4）单击【移除】可清除表达式。

10. Timer 指令

Timer 为定时指令，也称为定时器，可测量程序中节点的运行时间。

定时器记录程序开始到运行到节点的时间与次数，可测量机械臂在运动过程中所需要的时间。

（1）插入定时器　单击【昵称】右侧的输入框可修改指令名称，如图 3-4-34 所示。

单击【移除】可删除选中的 Time 指令。单击【确认】可确认状态配置并保存。

（2）定时器状态显示　在菜单栏选择【在线编程】，工具栏依次选择【状态】→【定时器】，可查看定时器状态显示，如图 3-4-35 所示。

图 3-4-34　Timer 指令界面

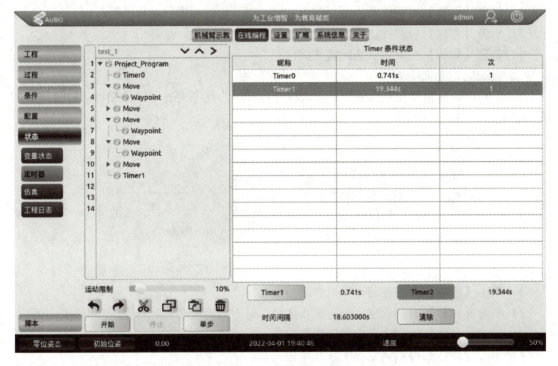

图 3-4-35　定时器状态界面

1）"昵称"对应程序中的指令名称。
2）"时间"为程序起始点运行到此 Timer 指令时所用的时间。
3）"次"表示此条 Timer 指令在程序中执行的次数。
4）"Timer1"及"Timer2"为选中某条 Timer 指令时，显示的对应时间。
5）"时间间隔"为选中的 Timer 距离上一个选中 Timer 的时间间隔。

注意："Timer1"与"Timer2"的显示与单击列表中的条件名称顺序有关系，以按钮显示灰色为准，与昵称的显示顺序没有关系。

11. Line_Comment 指令

Line_Comment 是行注释指令，通过行注释对下面的程序行进行解释说明，如图 3-4-36 所示。

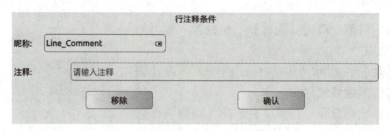

图 3-4-36　Line_Comment 指令界面

1）单击【昵称】右侧的输入框可修改指令名称。
2）单击【注释】右侧的输入框可输入文字，对下面的程序行解释说明。
3）单击【移除】可删除选中的行注释指令。
4）单击【确认】可确认状态配置并保存。

12. Block_Comment 指令

Block_Comment 是块注释指令，通过块注释对下面的程序段进行解释说明，如图 3-4-37 所示。

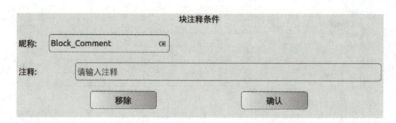

图 3-4-37　Block_Comment 指令属性界面

1）单击【昵称】右侧的输入框可修改指令名称。
2）单击【注释】右侧的输入框可输入文字，对下面的程序段解释说明。
3）单击【移除】可删除选中的块注释指令。
4）单击【确认】可确认状态配置并保存。

13. Goto 指令

Goto 是任务转移指令，可以中断当前任务，并转向其他任务，如图 3-4-38 所示。

Goto 指令必须在高级条件命令的线程 Thread 程序中使用，为了确保 Goto 正常工作，需要至少 0.01s 的"等待"指令，否则会导致不可预测的问题及机器人停止工作。Goto 指令程序示例如图 3-4-39 所示，机器人从 A 移动到 B，但在前往 B 的途中接收到信号 F，机器人停止向 B 方向移动并立即前往 C，如图 3-4-40 所示。

图 3-4-38　Goto 指令界面

1）单击【昵称】右侧的输入框可修改指令名称。
2）单击【移除】可删除选中的 Goto 指令。

3）单击【确认】可确认配置并保存。

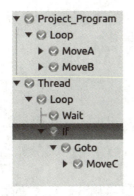

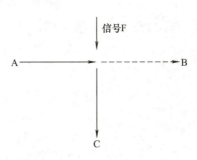

图 3-4-39　Goto 指令程序　　　　　　图 3-4-40　Goto 指令程序运行轨迹

14. Message 指令

Message 是信息弹出指令，通过弹出信息窗口，向使用者传达状态信息。利用 Message 指令可指定一则消息，程序运行至此指令时在屏幕显示该消息，如图 3-4-41 所示。

图 3-4-41　Message 指令面板

1）单击【昵称】右侧的输入框可修改指令名称。

2）单击【Message 类型】下拉菜单，分别对应 Information、Warning、Critical 三种不同图标样式的消息类型。

3）单击【消息】右侧的输入框可输入文字，来传达状态信息。

4）显示弹出窗口后，机器人将等待用户/操作人员按下窗口中的【确定】按钮，才能继续运行程序。勾选【当消息框弹出时停止工程】，当有信息窗口弹出时，工程项目将自动停止。

5）单击【移除】可删除选中的 Message 指令。单击【确认】可确认状态配置并保存。

3.4.2　焊接轨迹模拟

焊接轨迹模拟主要使用 Move 指令和 Set 指令。

1. 新建工程

1）单击【在线编程】进入示教器在线编程界面，如图 3-4-42 所示。

焊接轨迹
模拟编程

智能协作机器人技术及应用(初级)

2）依次单击【工程】→【新建】，创建新的工程。

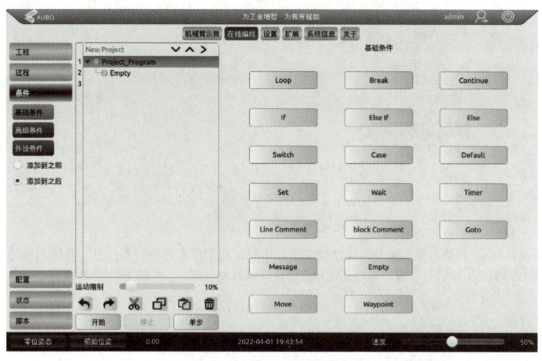

图 3-4-42 在线编程界面

2. 安装画笔工具

画笔工具安装的程序编写过程见表 3-4-2。

表 3-4-2 画笔工具安装的程序编写过程

序号	图片示例	操作步骤
1		① 插入 Move 指令，设置运动方式为"轴动" ② 路点设置为变量点，选择 V_P_home，V_P_home 可以通过变量配置进行添加，详见 3.3.2

122

项目3 智能协作机器人在线编程

(续)

序号	图片示例	操作步骤
2		① 插入 Wait 指令,设置 U_DI_02 == 0 ② U_DI_02 与工具架画笔工具在位检测传感器相连,该 Wait 指令用于判断画笔工具是否在工具架上,如果不在工具架上,则机器人一直在 home 点等待,不会执行下面的程序
3		① 插入 Move 指令,设置运动方式为"轴动" ② 设置路点在画笔工具安装点的正上方
4		① 插入 Set 指令,设备 U_DO_00 High ② 接通电磁阀,压缩气体将快换工具上的顶珠释放,为安装画笔工具做准备

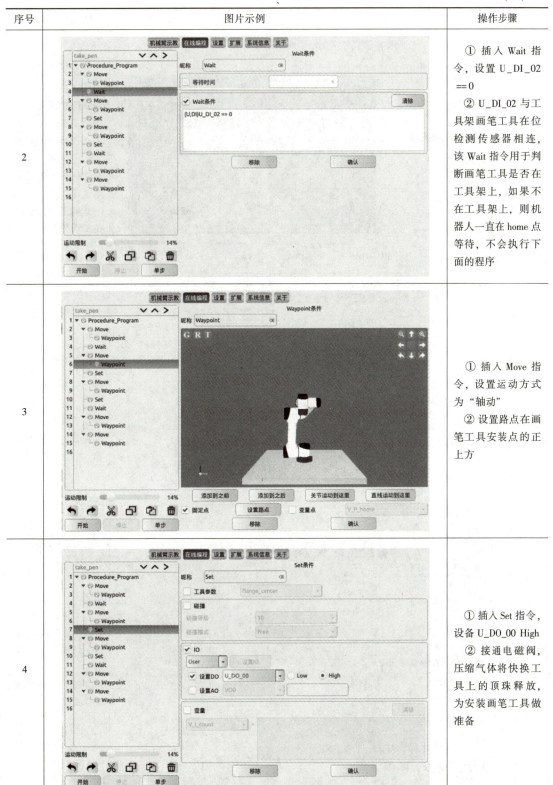

123

（续)

序号	图片示例	操作步骤
5		① 插入 Move 指令，设置运动方式为"直线"，设置末端移动速度为5%，使机器人缓慢移动到画笔工具安装位置 ② 设置路点在画笔工具安装点上
6		① 插入 Set 指令，设置 U_DO_00 Low ② 关闭电磁阀，快换工具上的顶珠在弹簧的作用下弹出，安装画笔工具
7		① 插入 Wait 指令，设置等待时间为 1s ② 延时等待机械动作完成

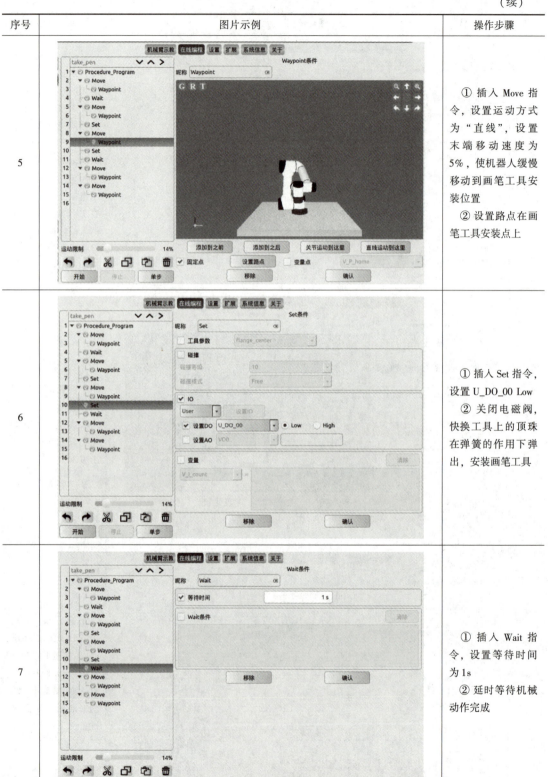

项目3 智能协作机器人在线编程

（续）

序号	图片示例	操作步骤
8	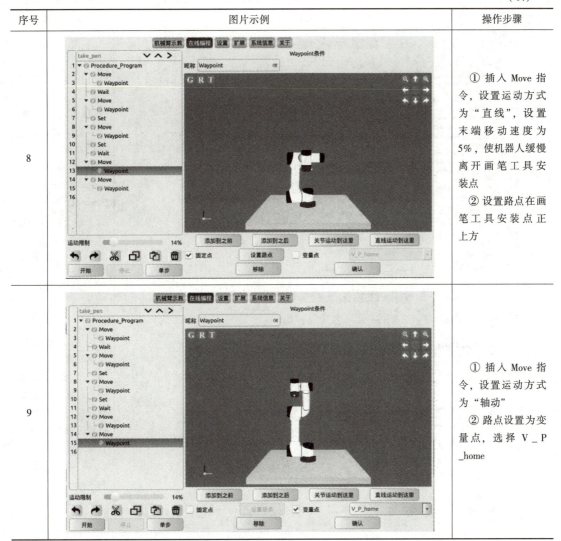	① 插入 Move 指令，设置运动方式为"直线"，设置末端移动速度为5%，使机器人缓慢离开画笔工具安装点 ② 设置路点在画笔工具安装点正上方
9		① 插入 Move 指令，设置运动方式为"轴动" ② 路点设置为变量点，选择 V_P_home

3. 圆弧轨迹编程

圆弧轨迹如图 3-4-43 所示，使用机器人画笔工具完成圆弧轨迹编程。

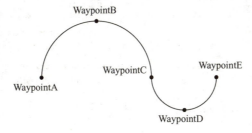

图 3-4-43 圆弧轨迹

圆弧轨迹的程序编写过程见表 3-4-3。

表 3-4-3 圆弧轨迹的程序编写过程

序号	图片示例	操作步骤
1	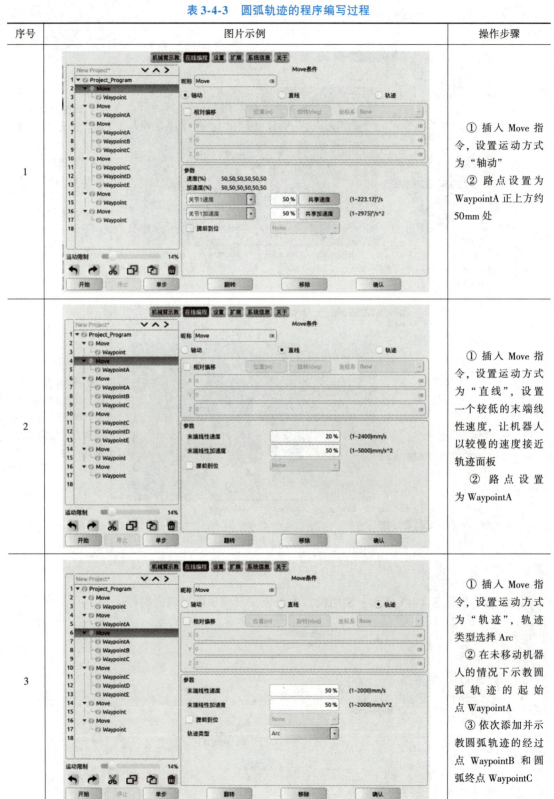	① 插入 Move 指令，设置运动方式为"轴动" ② 路点设置为 WaypointA 正上方约 50mm 处
2		① 插入 Move 指令，设置运动方式为"直线"，设置一个较低的末端线性速度，让机器人以较慢的速度接近轨迹面板 ② 路点设置为 WaypointA
3		① 插入 Move 指令，设置运动方式为"轨迹"，轨迹类型选择 Arc ② 在未移动机器人的情况下示教圆弧轨迹的起始点 WaypointA ③ 依次添加并示教圆弧轨迹的经过点 WaypointB 和圆弧终点 WaypointC

项目3 智能协作机器人在线编程

（续）

序号	图片示例	操作步骤
4	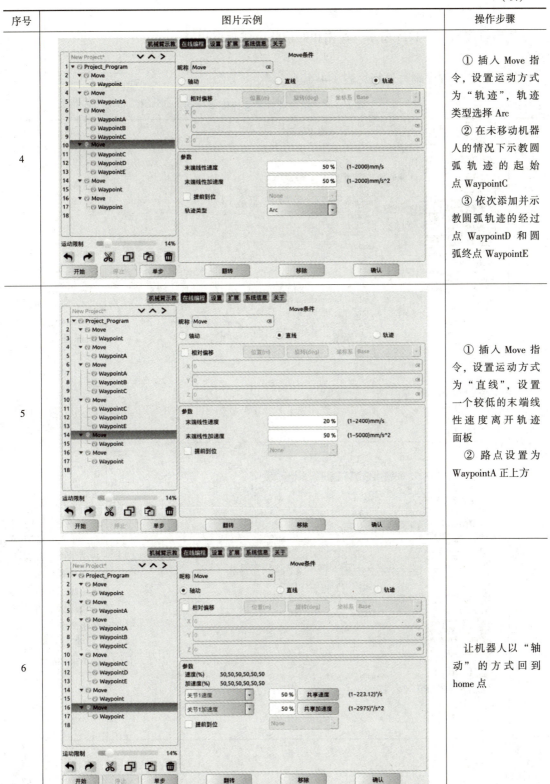	① 插入 Move 指令，设置运动方式为"轨迹"，轨迹类型选择 Arc ② 在未移动机器人的情况下示教圆弧轨迹的起始点 WaypointC ③ 依次添加并示教圆弧轨迹的经过点 WaypointD 和圆弧终点 WaypointE
5		① 插入 Move 指令，设置运动方式为"直线"，设置一个较低的末端线性速度离开轨迹面板 ② 路点设置为 WaypointA 正上方
6		让机器人以"轴动"的方式回到 home 点

127

4. 使用相对位移完成矩形轨迹编程

矩形轨迹如图 3-4-44 所示，使用相对位移完成矩形轨迹编程。

矩形轨迹的程序编写过程见表 3-4-4。

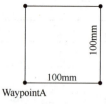

图 3-4-44 矩形轨迹示意图

表 3-4-4 矩形轨迹的程序编写过程

序号	图片示例	操作步骤
1	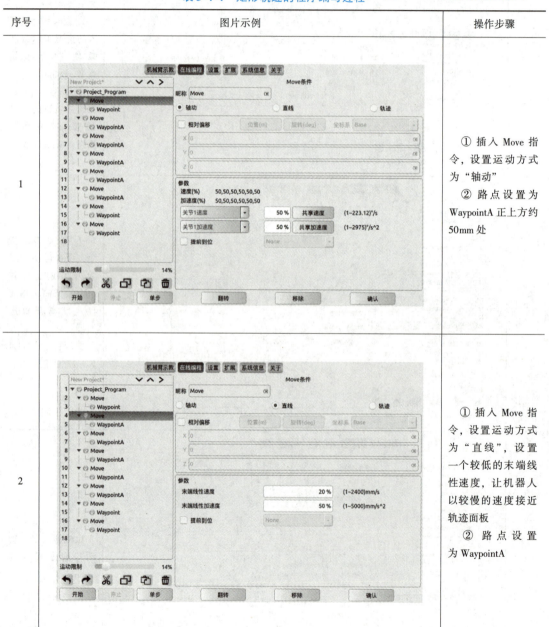	① 插入 Move 指令，设置运动方式为"轴动" ② 路点设置为 WaypointA 正上方约 50mm 处
2		① 插入 Move 指令，设置运动方式为"直线"，设置一个较低的末端线性速度，让机器人以较慢的速度接近轨迹面板 ② 路点设置为 WaypointA

（续）

序号	图片示例	操作步骤
3	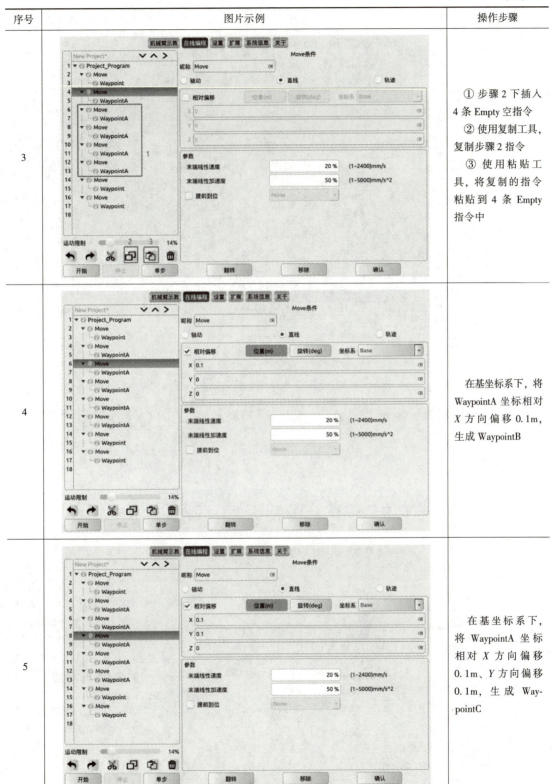	① 步骤2下插入4条Empty空指令 ② 使用复制工具，复制步骤2指令 ③ 使用粘贴工具，将复制的指令粘贴到4条Empty指令中
4		在基坐标系下，将WaypointA坐标相对X方向偏移0.1m，生成WaypointB
5		在基坐标系下，将WaypointA坐标相对X方向偏移0.1m、Y方向偏移0.1m，生成WaypointC

(续)

序号	图片示例	操作步骤
6		在基坐标系下，将 WaypointA 坐标相对 Y 方向偏移 0.1m，生成 WaypointD
7		回到 WaypointA
8		① 插入 Move 指令，设置运动方式为"直线"，设置一个较低的末端线性速度离开轨迹面板 ② 路点设置为 WaypointA 正上方

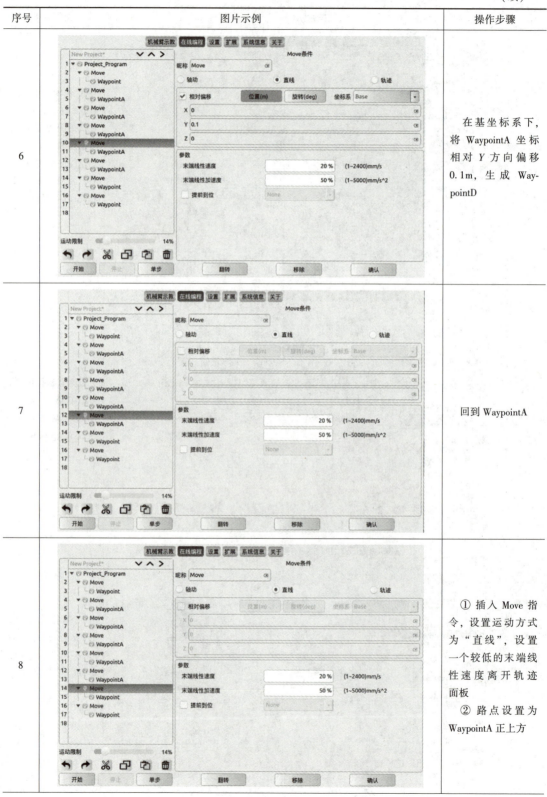

(续)

序号	图片示例	操作步骤
9		机器人以"轴动"方式回到 home 点

任 务 测 评

一、选择题

1. 如果有多种情况条件，在线编程选择（　　）指令会更快捷。
   A. If　　　　　B. Switch　　　　　C. Loop　　　　　D. Set

2. （　　）不属于 Set 指令设置范畴。
   A. I/O　　　　　B. 变量　　　　　C. 工具参数　　　　　D. 运动速度

3. （　　）不属于 Wait 指令声明范畴。
   A. 时间　　　　　B. 输入信号　　　　　C. 变量　　　　　D. 运动速度

4. 使用（　　）指令可以在在线编程中加一些注释。
   A. Line_Comment　　　B. Loop　　　　　C. Move　　　　　D. Thread

5. 使用（　　）指令可以跳转到其他任务。
   A. Message　　　　　B. Goto　　　　　C. Move　　　　　D. Script

6. 当用户想使用自定义的功能时，在线编程中使用（　　）指令。
   A. Script　　　　　B. Thread　　　　　C. Loop　　　　　D. Set

7. （　　）不属于 Move 指令可以设置的运动属性。
   A. 速度　　　　　B. 电流　　　　　C. 加速度　　　　　D. 偏移

二、判断题

1. 在线编程可以设置正在移动的机器人的整体速度。　　　　　　　　　　（　　）
2. 如果要进入其他任务，可以使用 Set 指令进入。　　　　　　　　　　　（　　）
3. Move 指令不支持连续不停顿运动。　　　　　　　　　　　　　　　　（　　）
4. Set 指令只能设置变量的值。　　　　　　　　　　　　　　　　　　　（　　）
5. Wait 指令可以等待时间，也可以等待某个信号。　　　　　　　　　　　（　　）

6. Wait 指令不可以判断某个变量的值。　　　　　　　　　　　　　　(　　)
7. Continue 只能用于 Loop 循环中。　　　　　　　　　　　　　　　(　　)

任务 3.5　搬运编程

▶任务描述

通过对物料的搬运操作，掌握搬运的基本轨迹规划，掌握相对偏移功能的应用。

▶任务目标

1）能掌握机器人搬运的基本流程；
2）会正确规划机器人搬运路径；
3）能掌握机器人相对偏移功能的应用。

▶任务实施

3.5.1　搬运轨迹规划与编程

物料搬运
基础编程

本任务使用机器人吸盘手爪从工件摆放区抓取工件，然后放置到工件放置区，如图 3-5-1 所示。

搬运工作流程如图 3-5-2 所示。从机器人起动到工件搬运完毕回到工作原点。

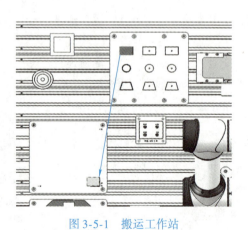

图 3-5-1　搬运工作站

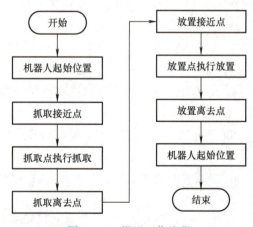

图 3-5-2　搬运工作流程

搬运程序注解见表 3-5-1。

表 3-5-1　搬运程序注解

指令	属性设置	路点/数据	备注
Move	轴动，最大速度 50%，最大加速度 50%	Waypoint01	起始位置
Move	轴动，最大速度 50%，最大加速度 50%	Waypoint02	抓取接近点

项目3 智能协作机器人在线编程

(续)

指令	属性设置	路点/数据	备注
Move	直线，末端线性速度20%，末端线性加速度20%	Waypoint03	抓取点
Set	设置DO	U_DO_01 High	执行抓取动作
Wait	等待	0.5s	
Move	直线，末端线性速度20%，末端线性加速度20%	Waypoint04	抓取离去点
Move	轴动，最大速度50%，最大加速度50%	Waypoint05	放置接近点
Move	直线，末端线性速度20%，末端线性加速度20%	Waypoint06	放置点
Set	设置DO	U_DO_01 Low	执行放置动作
Wait	等待	0.5s	
Move	直线，末端线性速度20%，末端线性加速度20%	Waypoint07	放置离去点
Move	轴动，最大速度50%，最大加速度50%	Waypoint01	起始位置

3.5.2 搬运轨迹优化与编程

使用相对位移代替"抓取接近点""抓取离去点""放置接近点""放置离去点"，节省不必要的点位示教操作，从而节省编程时间。优化后的轨迹路线如图3-5-3所示。

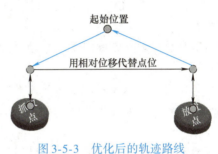

图3-5-3 优化后的轨迹路线

物料搬运优化编程

优化后的程序注解见表3-5-2。

表3-5-2 优化后的程序注解

指令	属性设置	路点/数据	备注
Move	轴动，最大速度50%，最大加速度50%	Waypoint01	起始位置
Move	轴动，最大速度50%，最大加速度50% 相对位移 x: 0, y: 0, z: 0.05	Waypoint02	抓取点
Move	直线，末端线性速度20%，末端线性加速度20%	Waypoint02	抓取点
Set	设置DO	U_DO_01 High	执行抓取动作
Wait	等待	0.5s	
Move	直线，末端线性速度20%，末端线性加速度20% 相对位移 x: 0, y: 0, z: 0.05	Waypoint02	抓取点
Move	轴动，最大速度50%，大加速度50% 相对位移 x: 0, y: 0, z: 0.05	Waypoint03	放置点
Move	直线，末端线性速度20%，末端线性加速度20%	Waypoint03	放置点
Set	设置DO	U_DO_01 Low	执行放置动作
Wait	等待	0.5s	
Move	直线，末端线性速度20%，末端线性加速度20% 相对位移 x: 0, y: 0, z: 0.05	Waypoint03	放置点
Move	轴动，最大速度50%，大加速度50%	Waypoint01	起始位置

133

任务测评

一、选择题

1. 搬运过程中，从接近点到作用点之间使用（　　）运动方式。
   A. 轴动　　　　　　B. 直线　　　　　　C. 圆弧　　　　　　D. MoveP

2. 使用 MoveP 绘制一个圆的要求是示教（　　）个点。
   A. 1　　　　　　　B. 2　　　　　　　C. 3　　　　　　　D. 4

3. 使用 MoveP 绘制一个圆弧的要求是选择（　　）轨迹类型。
   A. Arc　　　　　　B. Cir　　　　　　C. MoveP　　　　　　D. MoveL

4. （　　）不是 MoveP 提前到位的条件类型。
   A. 距离　　　　　　B. 时间　　　　　　C. 交融半径　　　　　　D. 交融角度

5. （　　）不属于可支持的轨迹运动。
   A. Arc　　　　　　B. Cir　　　　　　C. MoveL　　　　　　D. MoveP

二、判断题

1. 在执行抓取和放置动作前需要添加对应的接近点，其作用是使机器人工具准确作用到工件上。（　　）

2. 从接近点到作用点可以使用轴动运动方式。（　　）

3. 通过 Set 指令改变机器人数字 I/O 端口的输出状态来控制工具对零件进行抓放动作。（　　）

4. 抓取和放置时，手爪需要一定的动作时间，在程序中使用 Wait 指令进行延时可以确保工件的抓放动作执行完成。（　　）

5. Move 指令的相对位移都是基于基坐标系的。（　　）

任务 3.6　码垛编程

▶任务描述

了解常见的码垛垛型及其优缺点；通过变量计算和运动控制指令的偏移，实现多种码垛编程和调试。

▶任务目标

1) 能掌握常见的码垛垛型；
2) 会通过垛型分层查看和分析码垛规律，并能通过程序逻辑总结规律；
3) 会通过基础条件指令的综合运用完成码垛编程。

▶任务实施

3.6.1　了解码垛工艺

随着产业的不断发展和生产技术设备的不断革新，机器人技术在建材、化工、医药、消

项目3　智能协作机器人在线编程

费品等领域得到广泛应用。尤其在重要的包装码垛环节中，机器人已经成为真正意义上的得力工具。

码垛是指将具备一致性外形的码垛对象进行有规律的抓放，堆码成垛，一般在自动化生产线及仓管中应用较多。常见码垛垛型有以下几种。

1. 重叠式码垛

重叠式码垛如图 3-6-1 所示，即各层堆码方式完全相同，托盘利用率高，货物不易被压坏，但由于完全没有交叉搭接，货物容易纵向分开，稳定性差。

重叠式码垛分层查看图如图 3-6-2 所示。

重叠式码垛

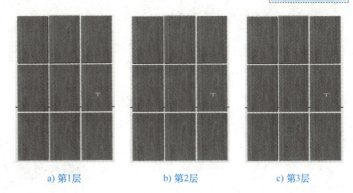

图 3-6-1　重叠式码垛　　　　图 3-6-2　重叠式码垛分层查看图

2. 纵横交错式码垛

纵横交错式码垛如图 3-6-3 所示，即相邻两层货品的摆放相差 90°，一层横向放置，相邻层纵向放置，层次之间交错堆码。这种码垛方式稳定性好，但受货物的长宽比例限制，易出现箱体变形和被压坏的现象，用于正方形托盘。

纵横交错式码垛分层查看图如图 3-6-4 所示。

纵横交错式码垛

图 3-6-3　纵横交错式码垛　　　　图 3-6-4　纵横交错式码垛分层查看图

3. 正反交错式码垛

正反交错式码垛如图 3-6-5 所示。同一层中，不同列的货品相差 90°垂直码放；相邻两层货物摆放相差 180°。这种码垛方式货物层间搭接，稳定性好，长方形托盘多采用此方式堆码，当比例适当时托盘利用率高，但容易出现箱体被压坏的现象。

135

a) 第1层

b) 第2层

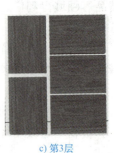
c) 第3层

图 3-6-5 正反交错式码垛

图 3-6-6 正反交错式码垛分层查看图

正反交错式码垛分层查看图如图 3-6-6 所示。

3.6.2 重叠式码垛

1. 任务要求

重叠式码垛任务要求如图 3-6-7 所示。

1）将左托盘的物料放置到右托盘的对应位置。

2）两个区域的示教参照点各有 1 个，分别是 pick_base、place_base。

3）左托盘中物料是 1 层、3 行、4 列摆放，右托盘中要求堆码成 3 层、2 行、2 列重叠式垛形。

图 3-6-7 重叠式码垛任务要求

4）已知，物料长 60mm、宽 40mm、高 10mm，左边物料行距、列距都是 2mm，右边物料行距、列距都是 2mm。

2. 放置位置解析

已知物料长 60mm、宽 40mm、高 10mm，码垛时物料间的间隙为 2mm。配置 3 个 int 型变量，x1 用于计算 X 方向偏移个数，y1 用于计算 Y 方向偏移个数，z 用于计算 Z 方向偏移个数。

因此，放置点的偏移量有如下关系：X 方向偏移距离为 x1 * 62mm；Y 方向偏移距离为 y1 * 42mm；Z 方向偏移距离为 z * 10mm，如图 3-6-8 所示。

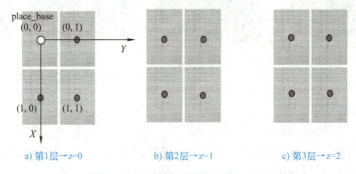

a) 第1层→z=0　　　　b) 第2层→z=1　　　　c) 第3层→z=2

图 3-6-8 重叠式码垛放置位置解析

3. 配置变量

重叠式码垛所需变量见表 3-6-1 所示。

表 3-6-1　重叠式码垛所需变量

名称	类型	初始值	说明
x	int	0	计算抓取时 X 方向偏移量
y	int	0	计算抓取时 Y 方向偏移量
x1	int	0	计算放置时 X 方向偏移量
y1	int	0	计算放置时 Y 方向偏移量
z	int	0	计算放置时 Z 方向偏移量
pick_base	pos	根据实际位置示教	抓取点
place_base	pos	根据实际位置示教	放置点
phome	pos	根据实际位置示教	机器人起始位置

4. 程序示例

重叠式码垛程序示例如图 3-6-9 所示。

重叠式码垛程序注解见表 3-6-2。

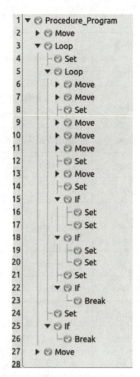

图 3-6-9　重叠式码垛程序示例

表 3-6-2　重叠式码垛程序注解

指令	属性设置	路点/数据	备注
Move	轴动，最大速度 50%，最大加速度 50%	home	起始位置
Loop	无限循环		
Set	x = 0		
Loop	无限循环		
Move	轴动，最大速度 50%，最大加速度 50% 相对位移 x：x * 0.062，y：y * 0.042，z：0.05	pick_base	抓取点
Move	直线，末端线性速度 20%，末端线性加速度 20% 相对位移 x：x * 0.062，y：y * 0.042，z：0	pick_base	抓取点
Set	设置 DO	U_DO_01 High	执行抓取动作
Move	直线，末端线性速度 20%，末端线性加速度 20% 相对位移 x：x * 0.062，y：y * 0.042，z：0.05	pick_base	抓取点
Move	轴动，最大速度 50%，最大加速度 50% 相对位移 x：x1 * 0.062，y：y1 * 0.042，z：z * 0.01 + 0.05	place_base	放置点
Move	直线，末端线性速度 20%，末端线性加速度 20% 相对位移 x：x1 * 0.062，y：y1 * 0.042，z：z * 0.01	place_base	放置点

（续）

指令	属性设置	路点/数据	备注
Set	设置 DO	U_D0_01 Low	执行放置动作
Move	直线，末端线性速度 20%，末端线性加速度 20% 相对位移 x：x1 * 0.062，y：y1 * 0.042，z：z * 0.01 + 0.05	place_base	放置点
Move	轴动，最大速度 50%，最大加速度 50%	place_base	起始位置
Set	x1 = x1 + 1		
If	x1 >= 2		
Set	x1 = 0		
Set	y1 = y1 + 1		
If	y1 >= 2		
Set	y1 = 0		
Set	z = z + 1		
Set	x = x + 1		
If	x >= 3		
Break			
Set	y = y + 1		
If	y >= 4		
Break			
Move	轴动，最大速度 50%，最大加速度 50%	home	起始位置

3.6.3 纵横交错式码垛

1. 任务要求

纵横交错式码垛任务要求如图 3-6-10 所示。

1）将左托盘的物料放置到右托盘的对应位置。

2）两个区域的示教点各 1 个，分别是 pick_base、place_base。

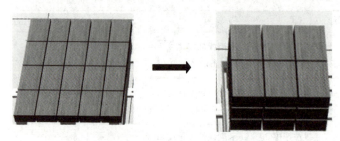

图 3-6-10 纵横交错式码垛任务要求

3）左托盘中物料是 1 层、4 行、5 列摆放，右托盘要求堆码成 3 层、2 行、3 列重叠式垛形。

4）已知，物料长 60mm、宽 40mm、高 10mm，左边物料行距、列距都是 2mm，右边物料行距、列距都是 2mm。

2. 放置位置解析

纵横交错式码垛放置位置解析如图 3-6-11 和图 3-6-12 所示。

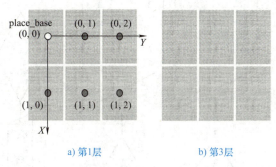

a) 第1层　　　　　　　　b) 第3层

图 3-6-11　纵横交错式码垛 1、3 层放置位置解析

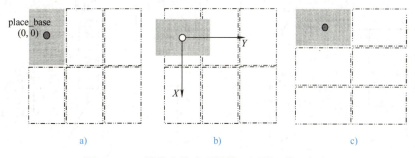

a)　　　　　　　　b)　　　　　　　　c)

图 3-6-12　纵横交错式码垛第 2 层放置位置解析

已知物料长 60mm、宽 40mm、高 10mm，码垛时物料间的间隙为 2mm。配置 3 个 int 型变量，x1 用于计算 X 方向偏移个数，y1 用于计算 Y 方向偏移个数，z 用于计算 Z 方向偏移个数。

1）当机器人进行第 1、3 层码垛时，X 方向偏移量为 x1 * 62mm，Y 方向偏移量为 y1 * 42mm，Z 方向偏移量为：z * 10mm。

2）当机器人进行第 2 层码垛时，放置点需要进行预旋转与偏移，预旋转值为 rz = 90°，到达图 3-6-12b 位置，设托盘左上角顶点的坐标为（0, 0），如图 3-6-12a 所示，根据物料的长宽可知，中心位置位于（30, 20）处，第 2 层最终的码放效果如图 3-6-12c 所示，该处坐标值为（20, 30），因此，X 方向预偏移量为 -10mm，Y 方向预偏移量为 10mm。

结合分层查看图可以得出：第 2 层 X 方向偏移量为（x1 * 42 - 10）mm，Y 方向偏移量为（y1 * 62 + 10）mm，Z 方向偏移量为：z * 10mm。

使用相对偏移结合变量计算的纵横交错式码垛程序流程图如图 3-6-13 所示。

3. 配置变量

纵横交错式码垛所需变量见表 3-6-3。

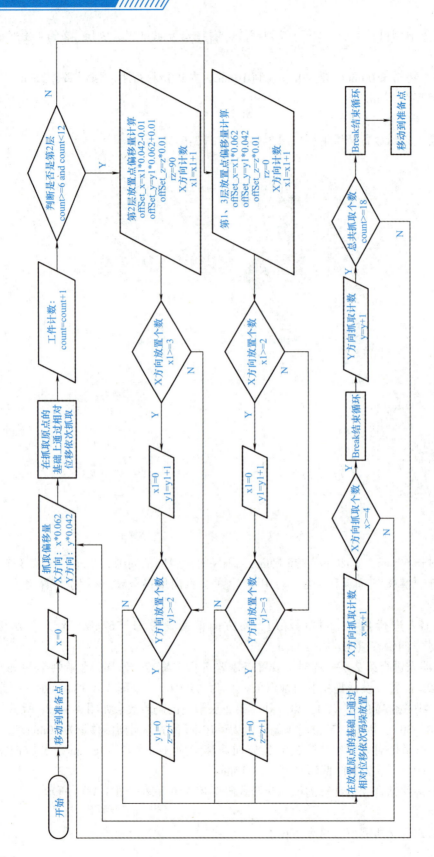

图 3-6-13 纵横交错式码垛程序流程图

项目3　智能协作机器人在线编程

表3-6-3　纵横交错式码垛所需变量

名称	类型	初始值	说明
x	int	0	计算抓取时X方向偏移量
y	int	0	计算抓取时Y方向偏移量
x1	int	0	计算放置时X方向偏移量
y1	int	0	计算放置时Y方向偏移量
z	int	0	计算放置时Z方向偏移量
count	int	0	用于计算抓取个数
offSet_x	double	0	存储放置时X方向偏移距离
offSet_y	double	0	存储放置时Y方向偏移距离
offSet_z	double	0	存储放置时Z方向偏移距离
rz	double	0	存储放置时Z方向旋转角度
pick_base	pos	根据实际位置示教	抓取点
place_base	pos	根据实际位置示教	放置点
phome	pos	根据实际位置示教	机器人起始位置

4. 程序示例

纵横交错式码垛程序示例如图3-6-14所示。
纵横交错式码垛程序注解见表3-6-4。

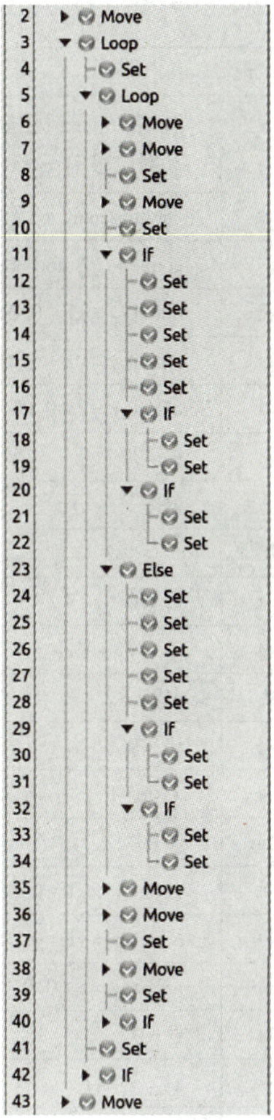

图3-6-14　纵横交错式码垛程序示例

表3-6-4　纵横交错式码垛程序注解

指令	属性设置	路点/数据	备注
Move	轴动，最大速度50%，最大加速度50%	home	起始位置
Loop	无限循环		
Set	x = 0		
Loop	无限循环		
Move	轴动，最大速度50%，最大加速度50% 相对位移 x: x * 0.062, y: y * 0.042, z: 0.05	pick_base	抓取点
Move	直线，末端线性速度20%，末端线性加速度20% 相对位移 x: x * 0.062, y: y * 0.042, z: 0	pick_base	抓取点
Set	设置 DO	U_DO_01 High	执行抓取动作
Wait	等待	0.5s	

141

（续）

指令	属性设置	路点/数据	备注
Move	直线，末端线性速度20%，末端线性加速度20% 相对位移 x：x*0.062，y：y*0.042，z：0.05	pick_base	抓取点
Set	count = count + 1		
If	count >= 6 and count < 12		
Set	offSet_x = x1*0.042 - 0.01		
Set	offSet_y = y1*0.062 + 0.01		
Set	offSet_z = z*0.01		
Set	rz = 90		
Set	x1 = x1 + 1		
If	x1 >= 3		
Set	x1 = 0		
Set	y1 = y1 + 1		
If	y1 >= 2		
Set	y1 = 0		
Set	z = z + 1		
Else			
Set	offSet_x = x1*0.062		
Set	offSet_y = y1*0.042		
Set	offSet_z = z*0.010		
Set	rz = 0		
Set	x1 = x1 + 1		
If	x1 >= 2		
Set	x1 = 0		
Set	y1 = y1 + 1		
If	y1 >= 3		
Set	y1 = 0		
Set	z = z + 1		
Move	轴动，最大速度50%，最大加速度50% 参考坐标系：xipan 相对位移 x：offSet_x，y：offSet_y，z：offSet_z + 0.05 旋转 x：0，y：0，z：rz	place_base	放置点
Move	直线，末端线性速度20%，末端线性加速度20% 参考坐标系：xipan 相对位移 x：offSet_x，y：offSet_y，z：offSet_z 旋转 x：0，y：0，z：rz	place_base	放置点
Set	设置DO	U_DO_01 Low	执行放置动作

(续)

指令	属性设置	路点/数据	备注
Wait	等待时间	0.5s	
Move	直线，末端线性速度20%，末端线性加速度20% 参考坐标系：xipan 相对位移 x: offSet_x, y: offSet_y, z: offSet_z + 0.05 旋转 x: 0, y: 0, z: rz	place_base	放置点
Set	x = x + 1		
If	x >= 4		
Break			
Set	y = y + 1		
If	count >= 18		
Break			
Move	轴动，最大速度50%，最大加速度50%	home	起始位置

任 务 测 评

一、选择题

1. 需要对工件进行旋转90°摆放时，相对位移的参考坐标系要选择（　　）。
   A. 基坐标系　　　　B. 工具坐标系　　　C. 工件坐标系　　　D. 法兰坐标系
2. 重叠式码垛的特点不包括（　　）。
   A. 各层堆码方式完全相同　　　　　　　B. 托盘利用率高
   C. 货物不易被压坏　　　　　　　　　　D. 稳定性好
3. 纵横交错式码垛的特点不包括（　　）。
   A. 稳定性好　　　　　　　　　　　　　B. 受货物的长宽比例限制
   C. 货物不易被压坏　　　　　　　　　　D. 用于正方形托盘
4. 正反交错式码垛的特点不包括（　　）。
   A. 稳定性好　　　　　　　　　　　　　B. 适用于长方形托盘
   C. 托盘利用率高　　　　　　　　　　　D. 货物不易被压坏
5. 当Loop循环设置为无限循环时，在循环体中插入（　　）指令能够结束当前循环。
   A. Continue　　　　B. Break　　　　　C. Goto　　　　　　D. Stop

二、判断题

1. 码垛是指将具备一致性外形的码垛对象，进行有规律的抓放，堆码成垛。（　　）
2. 需要对工件进行旋转90°摆放时，相对位移的参考坐标系要选择工件坐标系。
   （　　）
3. 重叠式码垛由于完全没有交叉搭接，货物容易纵向分开，稳定性差。（　　）
4. 纵横交错式码垛受货物的长宽比例限制，且易出现箱体变形和被压坏的现象。
   （　　）
5. 正反交错式码垛托盘利用率高，但容易出现箱体被压坏的现象。（　　）

项目 4

智能协作机器人维护保养

学习目标

- 能对智能协作机器人进行日常维护保养；
- 掌握备份事件日志、工程、变量、系统配置参数等操作方法；
- 掌握软件及固件更新升级操作方法；
- 能够根据故障代码手册排除智能协作机器人运行过程中产生的故障。

小故事

刀锋舞者——王进

王进是国家电网山东省电力公司检修公司带电作业班的一名工人，负责变电站和输电线路的运行维护。工作时带高压电 50 万 V，作业地点离地面数十米，最高两百多米，脚踩晃晃悠悠的电线，这种工作环境普通人想想都害怕，而王进却在这一岗位上坚持了二十多年。带电作业班的主要工作是对省主网 500kV 及以上的线路进行不断电的应急抢修。这些线路是城市的电路"动脉"，一旦出现故障会导致整个城市的大停电。从地面爬到作业点如同徒手爬上二三十层楼，而且，架在高空的线路导线仅有 4 根，安全距离只有 40cm。

王进练就了三大绝活。第一个绝活是"二郎神"的眼睛，一眼准。进电场前，王进能快速找到参照物，准确把握安全距离。第二个绝活是"孙悟空"的身手，一招准。王进操作时总能找到最佳姿态。第三个是绝活是"唐三藏"的心态，一心平。在数十米高的高压线上，王进总能做到从容不迫。

王进发明的成果有 35 项，获得 21 项国家专利，12 项发明专利。2011 年，王进一战成名，成功完成了世界首次 ±660kV 直流输电线路带电作业。凭借着此项"绝活"和后续参与完成的一系列工器具的创新，王进摘得了国家科技进步奖二等奖。

项目4 智能协作机器人维护保养

任务4.1 智能协作机器人系统维护

▶任务描述

通过本任务的学习,熟悉智能协作机器人维护保养项目和保养周期;掌握机器人事件日志、工程、变量、系统配置参数备份,软件及固件更新升级的操作方法。

▶任务目标

1)熟悉智能协作机器人维护保养项目和保养周期,会进行相应维护保养;
2)能熟练完成机器人事件日志、工程、变量、系统配置参数的备份操作;
3)能熟练完成软件及固件更新升级操作。

▶任务实施

4.1.1 智能协作机器人日常维护保养

1. 智能协作机器人的日常维护

日常维护是指短时间内(建议每天一次,或至少每月一次)对控制柜和机器人进行的预防性维护。

表4-1-1列出了智能协作机器人日常维护项目和周期。当出现螺钉松动等轻微情况时,应及时正确拧紧螺钉;当出现部件损坏或功能异常时,应及时进行部件更换或其他维修处理。

表4-1-1 智能协作机器人日常维护项目和周期

维护设备	维护项目	维护内容	维护周期
机械臂	外表	检查机械臂外表是否有磕伤、撞裂	每天
	关节	检查机械臂各个关节模块后盖是否盖好、是否有损伤	每天
	运行	检查机械臂运行过程中是否有异响、噪声、抖动以及卡顿	每天
控制柜	柜门	检查控制柜的门是否关好	每天
	密封	检查密封构件部分有无缝隙和损坏	每月
	风扇	检查风扇转动情况	开机时
	紧急停止按钮	检查紧急停止按钮动作	开机时
	端子排默认配置	检查内部电源接口和默认安全配置	每月
示教器	外观	检查示教器外观是否有磕伤	每天
	急停	检查示教器紧急停止按钮是否可正常使用	开机时
	屏幕	检查示教器屏幕显示是否完好	开机时
	触控	检查示教器触控是否灵敏	每月

145

2. 智能协作机器人的日常保养

智能协作机器人的日常保养主要是日常清洁，当在机械臂、控制柜或是示教器上观察到灰尘、污垢和油污时，可使用带有清洁剂的防静电布擦去。

4.1.2 智能协作机器人数据备份

1）机器人控制柜插入 USB 存储设备，依次单击【设置】→【系统】→【更新】，单击【文件导出】，进入文件导出界面，如图 4-1-1 所示。

图 4-1-1　文件导出界面

2）单击【扫描设备】，在更新包列表发现 USB 设备，单击设备名称，如图 4-1-2 所示。

图 4-1-2　扫描 USB 设备

3)单击【日志导出】和【工程导出】,等待日志和工程文件导出,完成数据备份,如图 4-1-3 所示。

图 4-1-3 数据备份

4.1.3 智能协作机器人系统升级

1. 软件升级

1)机器人控制柜插入 USB 存储设备,依次单击【设置】→【系统】→【更新】,单击【更新软件】,进入软件升级界面,如图 4-1-4 所示。

图 4-1-4 软件升级界面

2）单击【扫描软件安装包】，在更新包列表发现 USB 设备，选择设备名称，单击【更新软件】，如图 4-1-5 所示。

图 4-1-5　扫描 USB 设备

3）弹出"是否更新程序"对话框，单击【Yes】，等待软件更新完成，重启系统即可完成软件升级，单击【Cancel】取消更新，如图 4-1-6 和图 4-1-7 所示。

图 4-1-6　更新软件

项目4 智能协作机器人维护保养

图 4-1-7 更新软件进度

2. 固件升级

1）机器人控制柜插入 USB 存储设备，依次单击【设置】→【系统】→【更新】，单击【更新固件】，进入固件升级界面，如图 4-1-8 所示。

图 4-1-8 固件升级界面

149

2）单击【扫描固件安装包】，在更新包列表发现 USB 设备，选择设备名称，单击【更新固件】，如图 4-1-9 所示。

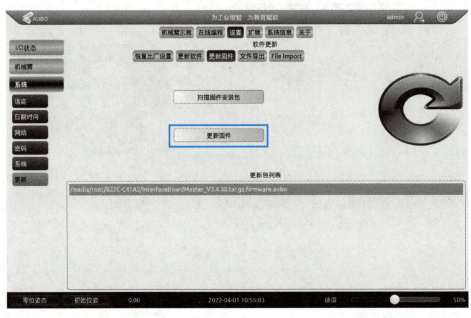

图 4-1-9 扫描 USB 设备

3）弹出"是否更新程序"对话框，单击【Yes】，等待固件更新完成重启系统即可完成固件升级，单击【Cancel】取消更新，如图 4-1-10 和图 4-1-11 所示。

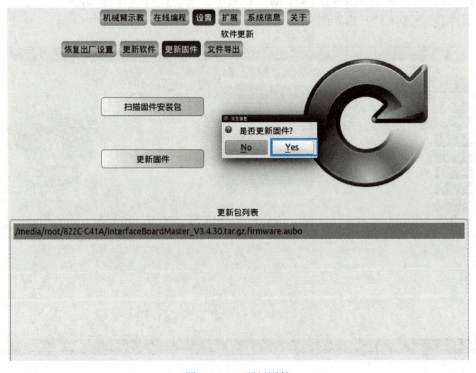

图 4-1-10 更新固件

项目4　智能协作机器人维护保养

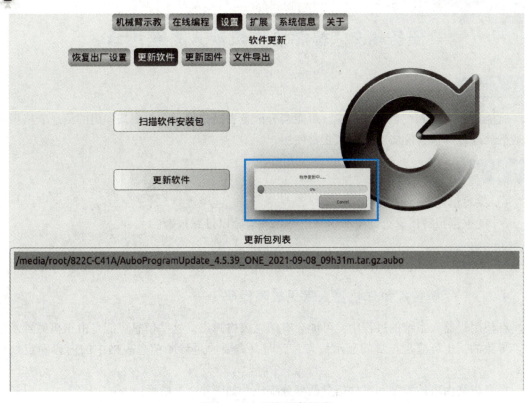

图 4-1-11　更新固件进度

任 务 测 评

一、选择题

1. 机械臂各个关节模块后盖是否盖好、是否有损伤的建议维护周期是（　　）。
   A. 开机时　　　　B. 每天　　　　C. 每月　　　　D. 从不
2. 紧急停止按钮是否可正常使用的维护周期是（　　）。
   A. 开机时　　　　B. 每天　　　　C. 每月　　　　D. 从不
3. 示教器触控是否灵敏的维护周期是（　　）。
   A. 开机时　　　　B. 每天　　　　C. 每月　　　　D. 从不
4. 机械臂运行过程中是否有异响、噪声、抖动以及卡顿的维护周期是（　　）。
   A. 开机时　　　　B. 每天　　　　C. 每月　　　　D. 从不

二、判断题

1. 日常维护是指短时间内（建议每天一次，或至少每月一次）对控制柜和机器人进行的预防性维护。（　　）
2. 智能协作机器人的日常保养主要是日常清洁，当在机械臂、控制柜或是示教器上观察到灰尘、污垢和油污时，可使用带有清洁剂的防静电布擦去。（　　）
3. 建议每次开机时检查风扇转动情况。（　　）
4. 建议每月检查示教器紧急停止按钮是否可正常使用。（　　）
5. 建议每天检查机械臂外表是否有磕伤、撞裂。（　　）

任务 4.2　智能协作机器人系统维修

任务描述

智能协作机器人在运行过程中，可能会有信息表格弹出，需要根据弹出的信息表格做出相应的处理，确保智能协作机器人正常使用。

任务目标

1）熟悉信息表格的分类；
2）能根据报警信息查询手册给出正确处理措施以排除报警。

任务实施

4.2.1　了解智能协作机器人常见故障代码

在使用机器人系统的过程中，可能会有信息表格弹出。这些信息可能是由于机械臂发生故障导致的，也可能是正常的显示信息。此时，需要通过诊断信息表格中的内容确定处理方式。

信息表格由事件类型和事件信息两部分组成，如图 4-2-1 所示。

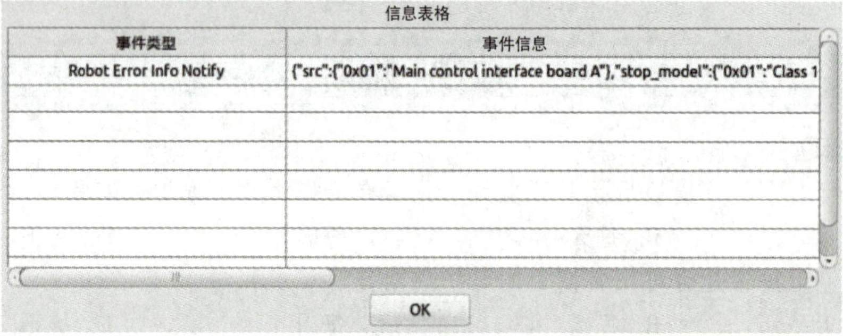

图 4-2-1　信息表格

事件类型表示信息表格的基本范围，为机器人错误信息通知。事件信息中有此次报警的报警信息。报警信息处理方式可参考表 4-2-1，根据表格信息可以查找和分析可能发生的故障，并给出正确的解决措施，排除故障，确保智能协作机器人恢复正常使用。

表 4-2-1　信息表格事件

事件类型	事件信息	弹窗说明	可能发生的故障	解决措施
Canbus Error	Arm can bus error	机械臂模块 CAN 通信错误	机械臂模块 CAN 通信错误	检查模块之间的 CAN 总线连接
	Arm can bus error, code: 0	0：基座	机械臂模块 CAN 通信错误	检查机械臂底座 CAN 总线连接

（续）

事件类型	事件信息	弹窗说明	可能发生的故障	解决措施
Canbus Error	Arm can bus error, code：1	1：关节1	机械臂模块CAN通信错误	检查模块之间的CAN总线连接
	Arm can bus error, code：2	2：关节2	机械臂模块CAN通信错误	检查模块之间的CAN总线连接
	Arm can bus error, code：3	3：关节3	机械臂模块CAN通信错误	检查模块之间的CAN总线连接
	Arm can bus error, code：4	4：关节4	机械臂模块CAN通信错误	检查模块之间的CAN总线连接
	Arm can bus error, code：5	5：关节5	机械臂模块CAN通信错误	检查模块之间的CAN总线连接
	Arm can bus error, code：6	6：关节6	机械臂模块CAN通信错误	检查模块之间的CAN总线连接
	Arm can bus error, code：7	7：工具端	机械臂模块CAN通信错误	检查机械臂末端模块CAN总线连接
Arm Power Off	Arm Power Off	机械臂断电	电源突然断电	检查48V电源
Call Interface Error	Call get Mac Communication Status Interface failed	获取通信状态失败	示教器软件进入仿真模式，无法操作真实机械臂	检查日志文件
	Call get Is Real Robot Exist Interface failed	获取真实机械臂是否存在	示教器软件进入仿真模式，无法操作真实机械臂	检查日志文件
	Call get Robot Diagnosis Info Fail Interface failed	获取机械臂统计信息失败	示教器软件进入仿真模式，无法操作真实机械臂	检查日志文件
	Call robot Control Interface failed	调用机械臂控制接口失败（解除碰撞警告、解除超速警告、上位机上电指示等）	示教器软件进入仿真模式，无法操作真实机械臂	检查日志文件
	Call get Is Linkage Mode Interface failed	获取机械臂是否在联机状态失败	示教器软件进入仿真	检查日志文件
	code：10002	10002：Err Code_Param Error 参数错误	示教器软件无法操作	检查示教器服务程序与示教器桌面程序版本是否匹配
	code：10003	10003：Err Code_Connect Socket Failed Socket连接失败	示教器软件无法操作	尝试重启机械臂

事件类型	事件信息	弹窗说明	可能发生的故障	解决措施
Call Interface Error	code：10007	10007：Err Code_Request Timeo ut 请求超时	示教器软件提示操作超时	检查示教器服务程序是否已经启动，尝试重启机械臂
	code：10011	10011：Err Code_Fk Failed 正解出错	提示信息	检查SDK调用参数是否正确
	code：10012	10012：Err Code_Ik Failed 逆解出错	提示信息	检查SDK调用参数是否正确
	code：10013	10013：Err Code_Tool Calibrate Error 工具标定参数有错	提示信息	检查SDK调用参数是否正确
	code：10014	10014：Err Code_Tool Calibrate Param Error 工具标定参数有错	提示信息	检查SDK调用参数是否正确
	code：10015	10015：Err Code_Coordinate System Calibrate Error 坐标系标定失败	提示信息	检查SDK调用参数是否正确
	code：10016	10016：Err Code_Ba Seto User Convert Failed 基坐标系转工作坐标系失败	提示信息	检查SDK调用参数是否正确
	code：10017	10017：Err Code_User To Base Convert Failed 工作坐标系转基坐标系失败	提示信息	检查SDK调用参数是否正确
Current Alarm	Current Alarm	机械臂电流异常	机械臂断电	① 检查电流变送器接线 ② 检查接口板模拟量采集部分
Encoder Lines Error	Encoder Lines Error	编码器线数不一致	机械臂上电，释放刹车按钮被按下，机械臂自动断电	检查6个模块光电编码器线数是否一致
Exit Force Control	Exit Force Control	退出力控	正常操作	无
Force Control	Come in force control mode, disable UI	进入拖动示教模式	正常操作	无
	Come in force control mode, disable UI	进入力控模式，禁用UI	正常操作	无

（续）

事件类型	事件信息	弹窗说明	可能发生的故障	解决措施
Linkage Master Mode	Come in linkage master mode	进入联动主动模式	正常操作	无
Linkage Slave Mode	Come in linkage slave mode, disable UI	进入联动从动模式，禁用 UI	正常操作	无
Mac Communication Error	Mac communication error, disable IO Settings	Mac 通信错误，禁用 I/O 设置	控制柜中主控板与接口板之间的连接线有故障	检查控制柜中主控板与接口板之间的连接线缆
Mounting pose Changed	Mounting pose Changed	安装位置发生改变	① 机械臂释放刹车后自动断电 ② 拖动示教功能异常（按下使能按钮，机械臂会乱动）	① 安装位置改变：Yes ② 安装位置未发生改变：No
Remote Emergency Stop	Remote Emergency Stop	远程紧急停止（外部 I/O 信号）	正常操作	无
	Remote Emergency Stop	远程紧急停止	正常操作	无
Remote Halt	Remote Halt	远程关机（外部 I/O 信号）	正常操作	无
	Remote Halt	远程关机	正常操作	无
Robot Communication Error	Disable IO Settings	示教器软件与服务器网络连接出现问题，一般情况下是服务器软件被人为关闭	示教器软件无法操作	重启示教器
Robot Controller Error	Over speed protect	机械臂示教超速	① 机械臂断电 ② 机械臂停止运动	直接解除警报
	Singularity warning	奇异点警告	不规则运动	重新规划轨迹
	Online track planning failed	在线轨迹规划失败	不规则运动	重新规划轨迹
	Offline track planning failed	脱机轨迹规划失败	不规则运动	重新规划轨迹
	Robot status exception	状态异常，无法运动	状态异常，不规则运动	重新规划轨迹
Robot Controller Warning	Please wait for robot to stop	请等待机器人停止	正常操作	无
	Over speed protect	超速保护	正常操作	无

（续）

事件类型	事件信息	弹窗说明	可能发生的故障	解决措施
Robot Controller Warning	Online track planning failed	在线跟踪计划失败	提示信息	检查运动轨迹配置是否合理
	Offline track planning failed	脱机跟踪计划失败	提示信息	检查运动轨迹配置是否合理
	Robot status exception	机器人状态异常	正常操作	无
Robot Error Info NotIfy	joint error: over current	过电流	机械臂无法上电，关节模块硬件故障	硬件问题，需要更换或修理关节电路板
	joint error: over voltage	过电压	机械臂无法上电，关节模块硬件故障	硬件问题，需要更换或修理关节电路板
	joint error: low voltage	欠电压	机械臂无法上电，关节模块硬件故障	硬件问题，需要更换或修理关节电路板
	joint error: over temperature	过温	机械臂无法上电，关节模块硬件故障	硬件问题，需要更换或修理关节电路板
	joint error: hall	霍尔错误	机械臂无法上电，关节模块硬件故障	硬件问题，需要更换或修理关节电路板
	joint error: encoder	编码器错误	机械臂无法上电，关节模块硬件故障	硬件问题，需要更换或修理关节电路板
	joint error: abs encoder	绝对编码器错误	机械臂无法上电，关节模块硬件故障	硬件问题，需要更换或修理关节电路板
	joint error: detect current	电流检测错误	机械臂无法上电，关节模块硬件故障	硬件问题，需要更换或修理关节电路板
	joint error: encoder pollution	编码器污染	机械臂无法上电，关节模块硬件故障	硬件问题，需要更换或修理关节电路板
	joint error: encoder z signal	编码器 Z 信号错误	机械臂无法上电，关节模块硬件故障	硬件问题，需要更换或修理关节电路板
	joint error: encoder calibrate	编码器校准失效	机械臂无法上电，关节模块硬件故障	硬件问题，需要更换或修理关节电路板
	joint error: IMU sensor	IMU 传感器失效	机械臂无法上电，关节模块硬件故障	硬件问题，需要更换或修理关节电路板
	joint error: TEMP sensor	温度传感器出错	机械臂无法上电，关节模块硬件故障	硬件问题，需要更换或修理关节电路板
	joint error: CAN bus error	CAN 总线通信错误	机械臂无法上电，关节模块硬件故障	硬件问题，需要更换或修理关节电路板
	joint error: system current error	当前电流错误	机械臂无法上电，关节模块硬件故障	硬件问题，需要更换或修理关节电路板

项目4　智能协作机器人维护保养

（续）

事件类型	事件信息	弹窗说明	可能发生的故障	解决措施
Robot Error Info NotIfy	joint error: system position error	当前位置错误	机械臂无法上电，关节模块硬件故障	硬件问题，需要更换或修理关节电路板
	joint error: over speed	关节超速错误	机械臂无法上电，关节模块硬件故障	硬件问题，需要更换或修理关节电路板
	joint error: over accelerate	关节加速度过大错误	机械臂无法上电，关节模块硬件故障	硬件问题，需要更换或修理关节电路板
	joint error: trace accuracy	跟踪精度错误	机械臂无法上电，关节模块硬件故障	硬件问题，需要更换或修理关节电路板
	joint error: target Position out of range	目标位置超范围	提示信息	检查运动轨迹配置是否合理
	joint error: target speed out of range	目标速度超范围	提示信息	检查运动轨迹配置是否合理
	robot error type	机械臂类型错误	机械臂无法上电，关节模块型号不匹配	硬件问题，需要更换或修理关节
	adxl sensor error	加速度计芯片错误	机械臂无法上电，关节模块型号不匹配	硬件问题，需要更换或修理关节
	encoder line error	编码器线数错误	机械臂无法上电，关节模块型号不匹配	硬件问题，需要更换或修理关节
	robot enter hdg-mode	进入拖动示教模式	正常操作	无
	robot exit hdgmode	退出拖动示教模式	正常操作	无
	mac data break	MAC 数据中断错误	控制柜中主控板与接口板之间的连接线有故障	检查控制柜中主控板与接口板之间的连接线缆
	driver enable failed	使能驱动器失败	机械臂无法上电，关节模块硬件故障	硬件问题，需要更换或修理关节电路板
	driver enable auto back failed	使能自动应答失败	机械臂无法上电，关节模块硬件故障	硬件问题，需要更换或修理关节电路板
	driver enable current loop failed	使能电流环失败	机械臂无法上电，关节模块硬件故障	硬件问题，需要更换或修理关节电路板
	driver set target current failed	设置目标电流失败	机械臂无法上电，关节模块硬件故障	硬件问题，需要更换或修理关节电路板
	driver release brake failed	释放刹车失败	机械臂无法上电，关节模块硬件故障	硬件问题，需要更换或修理关节电路板
	driver enable position loop failed	使能位置环失败	机械臂无法上电，关节模块硬件故障	硬件问题，需要更换或修理关节电路板

（续）

事件类型	事件信息	弹窗说明	可能发生的故障	解决措施
Robot Error Info NotIfy	set max accelerate failed	设置最大加速度失败	机械臂无法上电，关节模块硬件故障	硬件问题，需要更换或修理关节电路板
	extern emergency stop	外部紧急停止	提示信息	需要外部解除紧急停止
	system emergency stop	系统紧急停止	正常操作	无
	teach pendant emergency stop	示教器紧急停止	正常操作	无
	cabinet emergencystop	控制柜紧急停止	正常操作	无
	robot system error: mcu communication error	MCU 通信错误	机械臂无法上电，界面板硬件故障	硬件问题，需要更换或修理接口板
	robot system error: RS485 communication error	RS485 通信错误	机械臂无法上电，界面板硬件故障	硬件问题，需要更换或修理接口板
Robot Shutdown	Shutdown In Progress	正在关机	正常操作	无
Robot Shutdown Done	Robot Shutdown Done	机械臂正常关机	正常操作	无
Safety Event	Run to ready Position	运动到准备点	正常操作	无
	Run program	运行程序	正常操作	无
	Pause program	暂停程序	正常操作	无
	Continue program	继续程序	正常操作	无
	Slowly stop program	缓慢停止程序	正常操作	无
	Enter reduced mode	进入缩减模式	正常操作	无
	Release reduced mode	退出缩减模式	正常操作	无
	Enter the safety mode	进入安全模式	正常操作	无
	please manually release	请手动解除	正常操作	无
	the external safety stop DI	外部安全停止 DI	正常操作	无

项目4 智能协作机器人维护保养

(续)

事件类型	事件信息	弹窗说明	可能发生的故障	解决措施
Safety Event	Manually release safety mode	手动解除安全模式	正常操作	无
	Auto matically release safety mode	自动解除安全模式	正常操作	无
	Remote clear alarm signal	远程清除报警信号	正常操作	无
	Project startup is safety	项目启动是安全的	正常操作	无
Singularity Over speed	Singularity Over speed	奇异空间不良解的速度保护	不规则运动	重新规划轨迹
Socket Disconnected	Need to Restart	示教器软件与服务器网络连接出现问题,一般情况下是服务器软件被人为关闭	示教器软件无法操作	重启示教器
Soft Emergency	Soft Emergency	急停信号	机械臂断电	检查急停信号
Soft Emergency Collision Robot Error Info NotIfy	Collision joint error: collision	碰撞	机械臂暂停运动	检查机械臂是否发生碰撞
Toolio Error	Toolio Error	工具端错误	机械臂无法上电	硬件问题,需要更换或修理工具端电路板
Track Play Interrupt	Track record cannot be paused and stopped	轨迹回放不能暂停或者停止	机械臂断电或停止	运行轨迹工程时勿单击暂停或者停止

4.2.2 智能协作机器人常见故障处理

1. 紧急停止

当示教器弹出图4-2-2所示信息表格时,表示机器人示教器紧急停止按钮被按下,在确保安全的情况下将示教器紧急停止按钮复位,AOBOPE会自动重启,之后就可以正常操作使用机器人。

2. 机器人发生碰撞

当示教器当弹出图4-2-3所示信息表格时,表示机器人运行过程中发生碰撞,此时,通过示教器示教界面的操作按钮,或使用拖动功能,将机器人移出碰撞范围后,重新规划机器人程序路径。

3. 机器人轨迹错误

当示教器弹出图4-2-4所示信息表格时,表示机器人无法运动到目标位置。有以下几种可能:

1) 轴超限。需要调整目标的姿态。

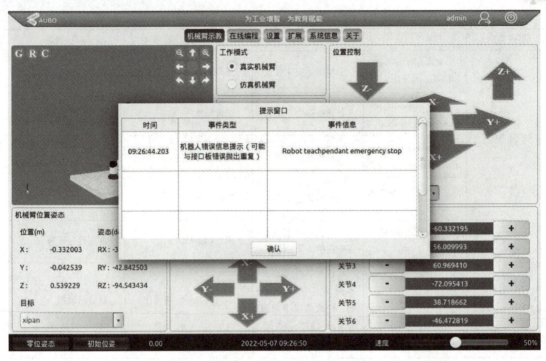

图 4-2-2 "紧急停止"信息表格

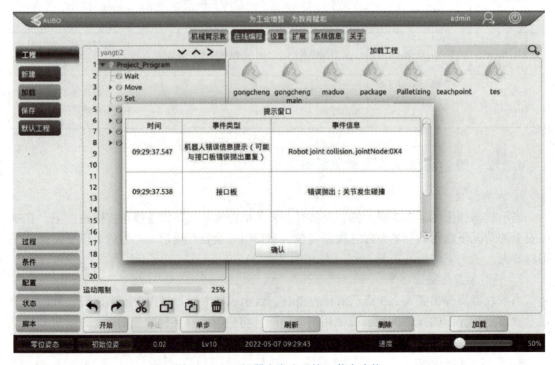

图 4-2-3 "机器人发生碰撞"信息表格

2）超出了机器人运动范围。需要重新确定目标点。
3）使用了错误的运动方式。更改 Move 指令的运动方式为轴动。

项目4　智能协作机器人维护保养

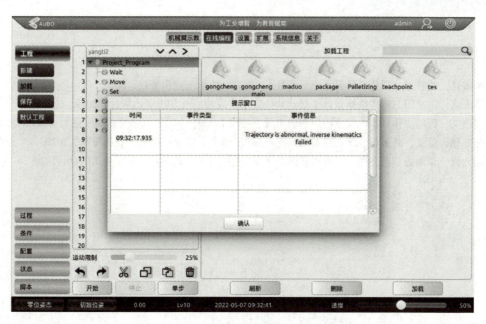

图 4-2-4　"机器人轨迹错误"信息表格

任 务 测 评

一、选择题

1. 当示教器紧急停止按钮被按下时，出现的弹窗信息是（　　）。
   A．system emergency stop！
   B．teach pendant emergency stop！
   C．cabinet emergency stop！
   D．robot system error：mcu communication error！

2. 进入拖动示教模式时，出现的弹窗信息是（　　）。
   A．Exit Force Control　　　　　　　　B．Come in force control mode，disable UI
   C．Come in linkage slave mode，disable UI　　D．Come in linkage master mode

3. 当目标位置超出机器人运动范围时，出现的弹窗信息是（　　）。
   A．joint error：over accelerate　　　　B．joint error：trace accuracy
   C．joint error：target Position out of range　　D．joint error：target speed out of range

4. 当机器人发生碰撞时，出现的弹窗信息是（　　）。
   A．Need to Restart　　　　　　　　　B．Soft Emergency
   C．Collision joint error：collision　　　　D．Tool io Erro

二、判断题

1. 在使用机器人系统的过程中，可能会有信息表格弹出。　　　　　　　　　　　　　　（　　）
2. 信息表格弹出一定是由于机械臂发生故障导致的。　　　　　　　　　　　　　　　　（　　）
3. 信息表格组成分为两类，一为事件类型，二为事件信息。　　　　　　　　　　　　　（　　）
4. Exit Force Control 弹窗表示退出力控模式，属于正常操作弹窗。　　　　　　　　　（
5. Singularity warning 弹窗表示轨迹中出现奇异点，需要重新规划轨迹。　　　　　　（